Schnelleinführung Elektronik

Leonhard Stiny

Schnelleinführung Elektronik

Zusammenfassung zur Vorbereitung auf
eine Prüfung in Elektronik

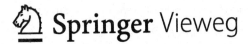

Leonhard Stiny
Haag a. d. Amper, Deutschland

ISBN 978-3-658-33461-1   ISBN 978-3-658-33462-8   (eBook)
https://doi.org/10.1007/978-3-658-33462-8

Die Deutsche Nationalbibliothek verzeichnet diese Publikation in der Deutschen Nationalbibliografie; detaillierte bibliografische Daten sind im Internet über http://dnb.d-nb.de abrufbar.

Planung/Lektorat: Reinhard Dapper
Springer Vieweg ist ein Imprint der eingetragenen Gesellschaft Springer Fachmedien Wiesbaden GmbH und ist ein Teil von Springer Nature.
Die Anschrift der Gesellschaft ist: Abraham-Lincoln-Str. 46, 65189 Wiesbaden, Germany

Vorwort

Die Elektronik und die mit ihren Grundlagen vorausgehende Elektrotechnik sind in einem naturwissenschaftlichen Studium oft gefürchtet und manchmal sehr unbeliebt. Oft habe ich in meinen Vorlesungen über Elektrotechnik und Elektronik z. B. von Studierenden des Maschinenbaus oder ähnlichen Studiengängen den Satz gehört: „Eigentlich wollte ich nicht Elektrotechnik studieren, die Elektronik interessiert mich auch nicht. Meine bevorzugten Interessen liegen in Aufgaben der technischen Konstruktion und Problemen der Mechanik."

Tatsache ist aber, dass in sehr vielen Studiengängen eine Vorlesung zu den Grundlagen der Elektrotechnik und Elektronik ein Bestandteil des Studiums in den ersten Semestern ist. Die Prüfung in diesem Fach ist häufig schwer und entscheidet oft über den weiteren Studienverlauf.

Steht man kurz vor einer Prüfung in Elektrotechnik bzw. Elektronik, so hat man zu wenig Zeit, um umfangreiche Literatur mit einigen hundert Seiten im Detail durcharbeiten zu können. Die Vorlesungen wurden besucht, das Meiste des gehörten Stoffes ist verstanden. Was fehlt, ist eine kompakte Darstellung der wichtigsten Felder der Elektronik, um den Stoff zu wiederholen. Natürlich sollte auch das Vorlesungsskriptum zur Prüfungsvorbereitung dienen. Eine alternative, knappe und damit zeitsparende Abhandlung des Stoffes hilft aber, aufbauend auf einer Vorlesung zu den Grundlagen der Elektronik, den Stoff zu rekapitulieren und zu festigen. Durch die zeitsparende Vorgehensweise ergibt sich ein vertieftes Verständnis.

Vermutlich werden Sie z. B. als Ingenieur des Maschinenbaus kaum selbst elektronische Schaltungen entwerfen oder diese zusammenbauen. Dafür sind „die Elektroniker" da. Aber ein grundlegendes Verständnis ihrer Arbeitsweise und Anwendungsmöglichkeiten ist notwendig, um das Potenzial der Elektronik im eigenen Fachgebiet, z. B. bei messtechnischen Problemen, ausschöpfen zu können.

Dieses Buch ist mit geringem Zeitaufwand auch für ein Selbststudium geeignet. Für die Vorbereitung auf eine Prüfung als Meister oder Techniker der Fachrichtung Elektrotechnik wird das Werk ebenfalls empfohlen. Vorausgesetzt wird ein Schulabschluss ähnlich dem Abitur an einem mathematisch-naturwissenschaftlichen Gymnasium, mindestens jedoch ein mittlerer Schulabschluss.

Hervorgegangen ist dieses Werk aus einem Skriptum zu einer Vorlesung der Elektronik mit ca. der halben Seitenzahl. Nach dem Durcharbeiten des Buches sollten die Grundlagen dieses Faches so gefestigt sein, dass einem Einüben mittels geeigneter Beispielaufgaben mit Lösungen nichts im Wege steht. Erwähnt sei hierzu mein Werk „Aufgabensammlung zur Elektrotechnik und Elektronik", 3. Aufl., Springer-Verlag 2017.

Wer weiterführende Literatur mit vertiefenden Darstellungen und mehr mathematischen Herleitungen benötigt, dem sei mein Buch „Grundwissen Elektrotechnik und Elektronik – Eine leicht verständliche Einführung", 7. Aufl., Springer-Verlag 2018, empfohlen.

Besonders bedanken möchte ich mich bei Mag. Andreas Thaler, Akad. gepr. PR-Berater und leidenschaftlicher Elektroniker, Wien, für das Korrekturlesen des gesamten Werkes.

Haag a. d. Amper   Leonhard Stiny
Juli 2021

Inhaltsverzeichnis

Werkstoffe in der Elektronik

1

1.1 Halbleiter als Material

Natürlich werden in der Elektronik als Werkstoffe auch Leiter (Metalle) und Isolierstoffe (Nichtleiter) benötigt. Den grundlegenden Werkstoff der gesamten Elektronik bilden aber die so genannten *Halbleiter.* Es sind Feststoffe mit überwiegend *kristalliner* oder auch amorpher Struktur. Viele elektronische Bauelemente sind aus Halbleitermaterial aufgebaut. Mit ihrer Leitfähigkeit liegen Halbleiter in einem Bereich zwischen Leitern und Isolierstoffen.

1.2 Arten von Halbleitern

Früher waren die Halbleitereigenschaften von Stoffen wie Selen für Gleichrichter oder von Metalloxiden wie Zinkoxid für spannungsabhängige Widerstände von Interesse. In den Jahren um 2020 bilden organische Halbleiter ein neues, modernes Gebiet der Halbleitertechnologie. Organische Halbleiter bestehen aus verschiedenen organischen Materialien und werden in der so genannten organischen Elektronik angewandt. Im Jahr 2020 existieren bereits Leuchtdioden (OLED) und Solarzellen, die auf organischen Materialien wie *Pentacen* ($C_{22}H_{14}$) oder *Indanthron* ($C_{28}H_{14}N_2O_4$) basieren. – Technisch bedeutend sind aber hauptsächlich Halbleiter mit einer *Kristallstruktur* des Atomaufbaus, vor allem Silizium, auf das hier besonders eingegangen wird.

An grundlegenden Halbleitern gibt es **Elementhalbleiter** und **Verbindungshalbleiter.**

Elementhalbleiter sind nur aus Atomen *eines* einzigen *Elementes* aufgebaut. Im Periodensystem der Elemente befinden sie sich in der vierten Hauptgruppe (Spalte = Anzahl der Valenzelektronen). Entsprechend besitzen sie *vier Valenzelektronen.*

© Springer Fachmedien Wiesbaden GmbH, ein Teil von Springer Nature 2021
L. Stiny, *Schnelleinführung Elektronik*, https://doi.org/10.1007/978-3-658-33462-8_1

Zu den Elementhalbleitern gehören *Silizium* (Si) und *Germanium* (Ge). Germanium ist teuer, hat aber heute in der Technik nur noch geringe Bedeutung. Silizium kommt in großen Mengen im Quarzsand (SiO_2) der Erdrinde vor. Aus dem Sand wird Siliziumpulver gewonnen. Durch einen als Czochralski-Verfahren (Tiegelziehverfahren) bezeichneten Vorgang wird es von Verunreinigungen befreit und ein *Siliziumeinkristall* gewonnen. Eine weitere Möglichkeit zur Gewinnung von reinem Silizium ist das *Zonenschmelzverfahren.* Die gewonnenen Stangen aus Reinstsilizium werden in dünne Scheiben zersägt, es entstehen *Wafer* (einkristalline Siliziumscheiben). Diese werden wieder in kleinere Plättchen unterteilt, die „*dies*" genannt werden. Auf den „dies" wurden vor dem Vereinzeln der Wafer, z. B. durch fotolithografische Verfahren, einzelne Halbleiterbauelemente oder ganze integrierte Schaltungen realisiert. Eingebaut in Gehäuse erhält man entsprechende Bauelemente (z. B. Dioden, Transistoren, Operationsverstärker).

Verbindungshalbleiter bestehen aus einer Verbindung von *zwei* oder mehr *unterschiedlichen* chemischen *Elementen,* die im Mittel vier Valenzelektronen besitzen. Häufig bestehen Verbindungshalbleiter aus Elementen der III. und V. oder der II. und VI. Hauptgruppe des Periodensystems. Galliumarsenid (GaAs), Indiumantimonid (InSb) und Indiumphosphid (InP) sind III-V-Halbleiter. Zinkoxid (ZnO), Zinksulfid (ZnS), Zinkselenid (ZnSe) und Cadmiumsulfid (CdS) sind Beispiele für II-VI-Halbleiter. Galliumsulfid (GaS), Galliumtellurid (GaTe) und Indiumsulfid (InS) sind III-VI-Halbleiter. Ein I-III-VI-Halbleiter ist z. B. Kupfer-Indium-Diselenid ($CuInSe_2$, CIS). Der amorphe Halbleiter wird in der Fotovoltaik eingesetzt.

1.3   Atomarer Aufbau von Halbleitern

Germanium und Silizium weisen in Reinform eine tetraedrische Diamantstruktur auf. Diese Kristallstruktur des kubischen Diamantgitters ist in Abb. 1.1 gezeigt. Die vier Nachbaratome des Zentralatoms befinden sich in den Ecken eines Tetraeders.

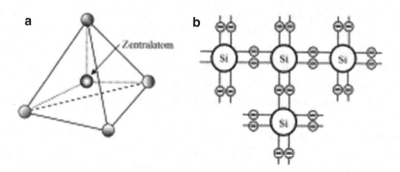

Abb. 1.1 Kristallgitter von Silizium als Tetraeder mit Zentralatom und vier Nachbaratomen (**a**) und vereinfacht als Ausschnitt in flächenhafter Darstellung (**b**)

1.4 Stromleitung in Halbleitern

1.4.1 Beeinflussung der Leitfähigkeit von Halbleitern

Elektrischer Strom ist der *gerichtete Fluss elektrischer Ladungsträger* (Elektronen und/oder Löcher). Freie, nicht an ein Atom gebundene Elektronen können an einem Elektronenstrom in eine Vorzugsrichtung teilhaben und somit einen Stromfluss bewirken. Die fließenden Ladungsträger unterliegen Stoßvorgängen, sie stoßen mit ortsfesten Atomrümpfen zusammen, die durch thermische Energie um ihre Ruhelage schwingen. Dem Stromfluss wird somit ein elektrischer *Widerstand* entgegengesetzt, dessen Höhe von der Art des Materials abhängt. Die Materialkonstante ρ als *spezifischer Widerstand* kennzeichnet die Leitfähigkeit bzw. den Widerstand eines Stoffes. Werkstoffe werden in *Leiter* (alle Metalle) mit sehr vielen und in *Nichtleiter* (z. B. Porzellan, Gummi) mit sehr wenigen freien Elektronen eingeteilt. Halbleiter liegen bezüglich ihrer elektrischen Leitfähigkeit *zwischen* Leitern und Nichtleitern. Ihr spezifischer Widerstand liegt im Bereich von ca. 10^{-1} Ωcm bis 10^5 Ωcm ($10^3 \ldots 10^9$ $\Omega \cdot mm^2/m$).

Im *reinen* Halbleiter sind nur wenige frei bewegliche Ladungsträger vorhanden. Diese entstehen erst durch Energiezufuhr (Wärme, Licht, Strahlung) von außen. Ein reiner Halbleiter ist deshalb auch bei Zimmertemperatur fast ein Isolator, dessen Widerstand schlecht beeinflusst werden kann und deshalb technisch nutzlos ist. Die Leitfähigkeit von Halbleitern kann auf zwei Arten gesteigert werden:

1. Erhöhung der Umgebungstemperatur,
2. Gezieltes Einbringen von Fremdatomen in den Atomverband des Halbleiterkristalls.

Zu 1. Mit steigender Umgebungstemperatur werden durch Energiezufuhr die Bindungen von Valenzelektronen auf der äußersten Elektronenbahn aufgebrochen, es entstehen viele freie Elektronen. Dieser Effekt überwiegt bei weitem den steigenden Widerstand durch Zusammenstöße der fließenden Elektronen mit schwingenden Atomrümpfen. Insgesamt nimmt der Widerstand des Halbleiters mit steigender Temperatur ungefähr exponentiell ab, während der Widerstand von Metallen mit steigender Temperatur annähernd linear zunimmt (Abb. 1.2).

Zu 2. In den Halbleiter können ganz bestimmte Fremdatome eingebaut werden, die Ladungsträger freisetzen. Dieser gezielte Einbau von Fremdatomen wird als **Dotierung** bezeichnet.

1.4.2 Eigenleitung in reinem Silizium

Die elektrische Leitung im *reinen* Halbleiterkristall (ohne Fremdatome) heißt *Eigenleitung* oder *Intrinsic-Leitung*. Bei einem Germanium- oder Siliziumatom befinden

Abb. 1.2 Widerstand
eines reinen Halbleiters und
eines metallischen Leiters
in Abhängigkeit von der
Temperatur (schematisch)

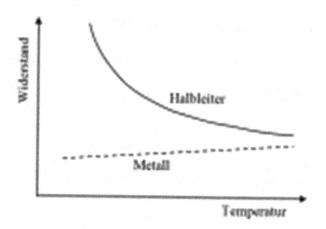

sich auf der äußersten Elektronenbahn vier Valenzelektronen, das Bindungsvermögen
von beiden Elementen ist vierwertig. Die vier Valenzelektronen eines Atoms haben das
Bestreben, sich mit je einem Elektron eines Nachbaratoms zu einem Paar zu vereinen
und jeweils den eigenen Kern *und* den Kern des Nachbaratoms als Paar zu umkreisen.
Diese Art von Bindung wird **Elektronenpaarbindung,** *Atombindung* oder *kovalente*
Bindung genannt. Durch sie ergibt sich die regelmäßige räumliche Anordnung der
Atome, die *Kristallstruktur.* Jedes Elektronenpaar umkreist zwei Kerne, jeder Kern
wird von vier Elektronenpaaren umkreist. Wie in Abb. 1.1 dargestellt, ist jedes Atom
von vier Nachbaratomen umgeben. Die Elektronenpaarbindung ist im *reinen* Halbleitermaterial (ohne Dotierung) **sehr fest.** Wird der Halbleiter erwärmt, so können
Elektronenpaarbindungen aufbrechen und freie Elektronen entstehen. Dieser Vorgang
heißt **Generation.** Bei der Generation entsteht zugleich mit einem vom Atom losgelösten
Elektron ein Platz, an dem vorher das Elektron war. Dieser Ort wird *Elektronenfehlplatz,*
Defektelektron oder kurz **Loch** genannt. Wird eine Elektronenpaarbindung wieder hergestellt, indem ein freies Elektron den Platz eines Loches einnimmt, so spricht man von
Rekombination. Die Bildung eines freien Elektrons und eines Loches sowie deren Verschwinden erfolgt immer *paarweise!* – Ein Elektron ist bekanntlich ein Ladungsträger
der Elementarladung „–*e*". Ein Loch ist ebenfalls ein Ladungsträger mit der Ladung
„+*e*". *Anmerkung:* Obwohl ein Loch kein reales Teilchen ist, wird es in der Festkörper-
physik als solches behandelt. Einem Elektron wird z. B. eine Elektronenmasse, einem
Loch eine Löchermasse zugeordnet.

Sowohl freie Elektronen als auch Löcher können zu einem Stromfluss beitragen. Eine
an einen reinen Halbleiter angelegte Gleichspannungsquelle bewirkt einen Elektronenstrom vom negativen zum positiven Pol und einen Löcherstrom vom positiven zum
negativen Pol. Die Stromrichtungen sind einander entgegengesetzt. Beim reinen, nicht
dotierten Halbleiter wird dieser Vorgang als *Eigenleitung* bezeichnet. Den Vorgang der
Elektronen- und Löcherleitung veranschaulicht Abb. 1.3.

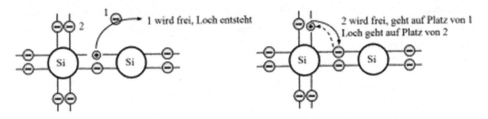

Abb. 1.3 Elektronen- und Löcherleitung in einem Halbleiterkristall

Im thermischen Gleichgewicht (bei konstanter Temperatur) bleibt die Anzahl der Elektron-Loch-Paare gleich. Generation und Rekombination gleichen sich beim intrinsischen Halbleiter mit konstanter Temperatur aus.

1.4.3 Störstellenleitung

Beim Dotieren werden Fremdatome aus der dritten (z. B. Al, B, In, Ga) oder fünften (z. B. P, As, Sb) Gruppe des Periodensystems in den Halbleiterkristall eingebracht. Die Fremdatome werden als *Störatome* bezeichnet, die daraus folgende Leitfähigkeit als *Störstellenleitung*. Das Einbringen kann technisch z. B. durch *Diffusion* (Eindringen bei hoher Temperatur), durch *Einlegieren* (Einschmelzen) oder durch *Ionenimplatation* („Einschießen" der Fremdatome) erfolgen. – Dreiwertige Elemente haben im Atomverbund des vierwertigen Siliziums ein Valenzelektron für die Elektronenpaarbindung zu wenig. Durch die Bindungslücken entstehen freie Löcher, in die Elektronen nachrücken können. Die 3-wertigen Stoffe werden deshalb als *Akzeptoren* bezeichnet. Durch das Dotieren mit Akzeptoren erhält man im Halbleiter einen Überschuss an Löchern, es ergibt sich ein **p-Halbleiter.** In ihm erfolgt die Stromleitung überwiegend durch Löcher. Die Löcher sind hier die *Majoritäts*(ladungs)*träger,* die Elektronen sind *Minoritätsträger.*

Fünfwertige Elemente als Dotierstoff weisen im Atomverbund des vierwertigen Siliziums ein Valenzelektron für die Elektronenpaarbindung zu viel auf, sie können ein Elektron als freies Elektron abgeben und heißen deshalb *Donatoren.* Durch das Dotieren mit Donatoren erhält man im Halbleiter einen Überschuss an Elektronen, es ergibt sich ein **n-Halbleiter.** In ihm erfolgt die Stromleitung überwiegend durch Elektronen. Die Elektronen sind hier die *Majoritätsträger,* die Löcher sind *Minoritätsträger.*

Die Leitfähigkeit eines Halbleiters nimmt mit steigendem Dotierungsgrad zu. Der Dotierungsgrad liegt normalerweise zwischen 10^{12} und 10^{17} Fremdatomen pro cm^3 des Halbleiters. Ein cm^3 eines Feststoffes enthält ungefähr 10^{23} Atome.

Sehr stark dotierte Halbleiter (mit ca. 10^{19} bis 10^{21} Fremdatomen pro cm^3) werden als *entartet* bezeichnet, sie haben metallähnliche Eigenschaften.

Anmerkung: Zur Beschreibung der Eigenschaften von Halbleitern wird oft das so genannte *Bändermodell* mit Energiebereichen der Ladungsträger verwendet, welches hier nicht näher erläutert wird.

Der pn-Übergang

2

Um die Betrachtungen einfach zu halten, wird ein pn-Übergang als das *Gebiet zwischen* einem *flächig* aneinander grenzenden *p-dotierten* und einem *n-dotierten* Halbleiter angesehen.

2.1 pn-Übergang ohne äußere Spannung

Wir gehen zunächst von einem p-dotierten und einem n-dotierten Halbleiterblock aus. Die beiden Blöcke sind in Abb. 2.1 dargestellt. Gezeichnet sind jeweils nur die Majoritätsträger.

Beide Halbleiterblöcke sind zunächst voneinander getrennt. Die beiden Halbleiterblöcke sind für sich gesehen elektrisch neutral, in jedem Block gibt es genau so viele Atomrümpfe wie frei bewegliche Ladungsträger. Im p-leitenden Halbleiterblock sind die Löcher und im n-leitenden die Elektronen die frei beweglichen Ladungsträger. Im p-Block gibt es genau so viele Löcher wie ortsfeste, negative Akzeptor-Atomrümpfe. Im n-Block gibt es genau so viele Elektronen wie ortsfeste, positive Donator-Atomrümpfe.

Zuerst noch eine *Definition:* Eine **Diffusion** ist ein Ausgleichsprozess, der mit einem Masse- und/oder Ladungstransport verbunden ist. Durch ihre Wärmebewegung und ein Konzentrationsgefälle wandern Teilchen (z. B. Elektronen, Löcher) von einem Ort hoher zu einem Ort niedrigerer Konzentration.

Es folgt ein *Gedankenexperiment:* Wir fügen die beiden Halbleiterblöcke so zusammen, dass sie sich flächig berühren.

Nach dem Zusammenfügen der beiden Halbleiterblöcke erfolgt zunächst eine Diffusion von freien Löchern aus dem p-Gebiet in das n-Gebiet und umgekehrt von freien Elektronen aus dem n-Gebiet in das p-Gebiet. Dabei rekombiniert eine gewisse Menge von Elektronen und Löchern. Die Diffusionsbewegung können nur *freie*

© Springer Fachmedien Wiesbaden GmbH, ein Teil von Springer Nature 2021
L. Stiny, *Schnelleinführung Elektronik*, https://doi.org/10.1007/978-3-658-33462-8_2

Abb. 2.1 Ein p-leitender
(links) und ein n-leitender
(rechts) Halbleiterblock

freie Löcher   freie Elektronen

Abb. 2.2 Sperrschicht ohne
frei bewegliche Ladungsträger,
mit ortsfesten Ladungen und
Diffusionsspannung

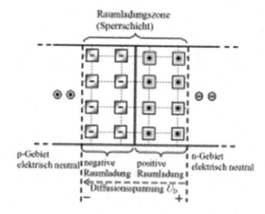

Ladungsträger aufnehmen. Die im p-Gebiet negativen Akzeptor-Atomrümpfe und im n-Gebiet positiven Donator-Atomrümpfe stellen *ortsfeste* Raumladungen dar. *In einem schmalen Gebiet links und rechts der Trennlinie* zwischen den beiden Halbleiterblöcken wird durch *Rekombinationen* die *Anzahl beweglicher Ladungsträger reduziert*. Links von der Trennlinie befinden sich die negativen, ortsfesten Akzeptor-Ionen. Rechts von der Trennlinie befinden sich die positiven, ortsfesten Donator-Ionen. Dieses Gebiet der ortsfesten Ladungen heißt **Raumladungszone (RLZ)**. Da sich in diesem Gebiet fast keine freien Ladungsträger befinden, wirkt es wie ein Isolator und wird deshalb auch **Sperrschicht,** *Verarmungszone* oder *Grenzschicht* (**junction**) genannt. Außerhalb der schmalen Sperrschicht sind p- und n-Gebiet elektrisch neutral. Abb. 2.2 zeigt eine vereinfachte Darstellung der Sperrschicht.

Die ortsfesten Ladungen in der Sperrschicht wirken dem weiteren Ablauf der Diffusion entgegen. Die von links nach rechts wandernden Löcher durchdringen die dünne Schicht der negativen Raumladung und werden dann von den ortsfesten positiven Raumladungen zurückgestoßen. Genauso verhält es sich mit den von rechts nach links wandernden Elektronen. Durch diese abstoßenden Kräfte, die in der Raumladungszone wirken, wird der Diffusionsvorgang beendet. Es erfolgt also *kein vollständiger Konzentrationsausgleich* der freien Ladungsträger. – Diese anschauliche Erläuterung mit der abstoßenden Wirkung zwischen gleichnamigen Ladungen kann ersetzt bzw. ergänzt werden durch die Kraftwirkung auf Ladungen im elektrischen Feld. Durch die ortsfesten Raumladungen entsteht zwischen den Grenzen der Sperrschicht eine

Abb. 2.3 pn-Übergang
mit äußerer Spannung in
Durchlassrichtung

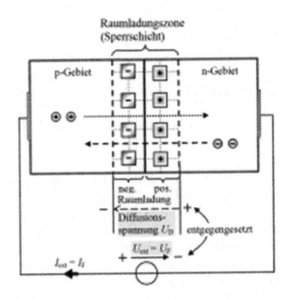

elektrische Spannung, die **Diffusionsspannung** U_D (Abb. 2.2). Durch $U_D{}^1$ entsteht
ein elektrisches Feld E_{RLZ} mit gleicher Richtung wie U_D. Die Selbstbegrenzung und
schließliche Blockierung des Diffusionsvorganges kann durch die Kraftwirkung auf die
sich im elektrischen Feld E_{RLZ} der Raumladungszone bewegenden freien Ladungsträger
begründet werden.

U_D bildet eine Spannungsbarriere, der Wert von U_D ist ein wichtiger *Materialkenn-*
wert.

$U_D \approx 0{,}3 \ldots 0{,}4$ V für Germanium (Ge),
$U_D \approx 0{,}6 \ldots 0{,}8$ V für Silizium (Si),
$U_D \approx 1{,}1 \ldots 1{,}3$ V für Galliumarsenid (GaAs).

Die Breite der Sperrschicht bewegt sich in der Größenordnung von ca. 0,01 bis 10 μm.

2.2 pn-Übergang mit äußerer Spannung

2.2.1 Äußere Spannung in Durchlassrichtung

Wird an einen pn-Übergang eine externe Gleichspannung mit dem Pluspol am p-Gebiet
und dem Minuspol am n-Gebiet angeschlossen (Abb. 2.3), so liegt die Spannung

---

[1]Zu beachten ist die Zählpfeilrichtung.

$U_{ext} = U_F$ in **Durchlassrichtung,** *Flussrichtung* oder *Vorwärtsrichtung* an. Der Index F in U_F weist auf Flussrichtung oder Vorwärtsrichtung (engl. Forward) hin. Die Richtung von $U_{ext} = U_F$ ist *entgegengesetzt* zur Richtung der Diffusionsspannung U_D. Somit wirkt U_{ext} der inneren Diffusionsspannung U_D entgegen. Dadurch wird die Raumladungszone schmaler und für bewegliche Ladungsträger durchlässiger. U_{ext} treibt

1. die Elektronen der n-Seite von rechts nach links über die RLZ zur p-Seite,
2. die Löcher von links nach rechts in umgekehrter Richtung.

Dadurch erfolgen sowohl im p-Gebiet als auch im n-Gebiet Rekombinationen. U_{ext} liefert Ladungsträger nach, es fließt ein **Durchlassstrom** *(Flussstrom)* $I_{ext} = I_F$. Der Durchlassstrom wird umso größer, je größer $U_{ext} = U_F$ wird, je schmaler also die Sperrschicht wird. In der Durchlasskennlinie des pn-Übergangs (Abb. 5.3) ist zu sehen, dass der Durchlassstrom ab einem bestimmten Wert $U_{ext} = U_S$ ($U_S = $ *Schleusenspannung*) exponentiell ansteigt. Wir werden sehen, dass gilt: $U_S = U_D$, also Schleusenspannung = Diffusionsspannung.

2.2.2 Äußere Spannung in Sperrrichtung

Wird an einen pn-Übergang eine externe Gleichspannung mit dem Pluspol am n-Gebiet und dem Minuspol am p-Gebiet angeschlossen, so liegt die Spannung $U_{ext} = U_R$ in *Sperrrichtung* oder *Rückwärtsrichtung* an. Die in Sperrpolung anliegende externe Spannung heißt **Sperrspannung.** $U_{ext} = U_R$ hat jetzt die *gleiche* Richtung wie die Diffusionsspannung U_D. U_{ext} saugt frei bewegliche Ladungsträger auf beiden Seiten ab. Die Elektronen aus dem n-Gebiet wandern zum Pluspol von U_{ext}, die Löcher des p-Gebietes bewegen sich zum Minuspol von U_{ext}. Dadurch wird die RLZ breiter und ihr Widerstand größer.

Auch in Sperrrichtung fließt ein Strom $I_{ext} = I_R$ durch den pn-Übergang (s. Abb. 2.4). Dieser **Sperrstrom** *(Rückwärtsstrom)* ist allerdings *sehr klein*. Der Sperrstrom wird durch thermisch erzeugte Ladungsträgerpaare (Paare von freien Elektronen und Löchern) durch das Aufbrechen von Elektronenpaarbindungen verursacht. Setzen wir konstante Temperatur voraus, so ist zu beobachten, dass bereits ab $U_{ext} = U_R = 0{,}1\,V$ der Sperrstrom I_R einen konstanten (man sagt *gesättigten*) Wert annimmt, der von der Sperrspannung nahezu unabhängig ist. Dieser Sperrstrom heißt **Sperrsättigungsstrom** I_S. Beim Ge-pn-Übergang liegt I_S in der Größenordnung von µA, beim Si-pn-Übergang in der Größenordnung von nA oder pA.

Da der **Sperrstrom** auf thermisch erzeugten Ladungsträgerpaaren beruht, ist es nicht verwunderlich, dass er **exponentiell mit steigender Temperatur zunimmt.** Bei Si verdoppelt sich der Sperrstrom bei 6 °C Temperaturerhöhung.

Abb. 2.4 pn-Übergang mit äußerer Spannung in Sperrrichtung. Die Sperrschicht ist breiter als bei äußerer Spannung in Durchlassrichtung, s. Abb. 2.3

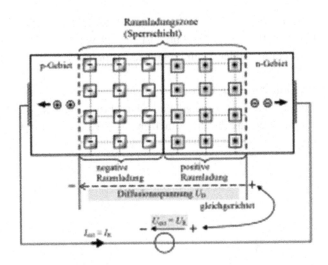

2.2.3 Durchbruch beim pn-Übergang

Wird die Sperrspannung größer als ein maximal erlaubter Wert – U_{BR}, so steigt der Sperrstrom vom Sperrsättigungsstrom (mit z. B. einigen pA) ausgehend sehr steil an (z. B. auf einige zehn Ampere). Dieser sprunghafte Stromanstieg heißt **Durchbruch,** er kann ohne Strombegrenzung durch einen Widerstand zur Zerstörung eines Halbleiterbauelementes führen. Der pn-Übergang hat dann seine Sperrfähigkeit verloren. Es gibt drei verschiedene Durchbruchsarten:

- Zener-Durchbruch,
- Lawinendurchbruch,
- Thermischer Durchbruch (Wärmedurchbruch).

Zener-Durchbruch
In hoch dotierten Halbleitern ($>10^{18}$ bis 10^{19} cm^{-3}) werden durch die hohe innere Feldstärke Valenzbindungen aufgebrochen und Ladungsträger freigesetzt. In der Sperrschicht entstehen viele Paare frei beweglicher Ladungsträger, die zu einem hohen Strom beitragen (Zener-Effekt). Der Zenereffekt ist ein quantenmechanischer *Tunnel-Effekt*.

Lawinendurchbruch
Elektronen, die durch Diffusion in die Sperrschicht eindringen oder thermisch generiert werden, werden durch die hohe Sperrspannung so stark beschleunigt, dass sie durch ihre hohe kinetische Energie andere Valenzelektronen durch Stöße aus ihren Bindungen schlagen. Diese Elektronen werden wieder beschleunigt und führen erneut zu *Stoßionisationen.* Die Anzahl freier Ladungsträger in der Sperrschicht nimmt lawinenartig zu. Diese Erscheinung heißt deshalb *Lawineneffekt* (*Avalanche*-Effekt).

Ist $|-U_{BR}| <$ ca. 7 V, so überwiegt der Zener-Effekt, oberhalb ca. 7 V überwiegt der Lawineneffekt. Die Durchbruchspannung wird beim Zener-Durchbruch mit wachsender Temperatur kleiner, beim Lawinendurchbruch wird sie größer.

Thermischer Durchbruch

Ohne Strombegrenzung geht ein Durchbruch in einen *Wärmedurchbruch* über, durch den der pn-Übergang durch Schmelzen des Kristalls *zerstört* wird.

Bauelemente, Datenblätter, Grenzwerte

3

3.1 Definitionen

Elektronische *Bauelemente* (hier grundsätzlich als „BE" abgekürzt) sind die kleinsten funktionalen Einheiten einer elektronischen Schaltung. Ihre Anschlüsse *(Pins)* werden mit elektrischen Leitungen (Metalldrähten, Leiterbahnen aus Kupfer bei einer Leiterplatte) untereinander verbunden. Auf diese Art zusammengeschaltet bilden BE den Aufbau z. B. einer Baugruppe oder eines Gerätes mit einer bestimmten Funktion. Man unterscheidet zwischen *passiven* und *aktiven* Bauelementen, die wiederum **linear** oder **nichtlinear** sein können.

Bei *passiven BE* kann die Leistung am Ausgang nie größer sein als die Leistung am Eingang, da sie keine Leistungsquelle (z. B. Gleichspannungsquelle) beinhalten. Es sind stets *Zweipole* (BE mit zwei Anschlüssen), häufig sind sie elektrische Verbraucher. Ein Eingangssignal wird *nicht* verstärkt, ihre Amplitude also nicht vergrößert. Beispiele für passive BE: Widerstände, Kondensatoren, Spulen, Halbleiterdioden.

Aktive BE können mit Hilfe einer Energiequelle ein Eingangssignal verstärken (die Amplitude vergrößern). Ein Beispiel ist der Transistor. Auch Spannungs- und Stromquellen sind unabhängige aktive BE.

Bei *linearen BE* ist der Zusammenhang zwischen Eingangs- und Ausgangsgröße linear, ihre *Kennlinie* des Zusammenhangs zwischen Eingangs- und Ausgangsgröße ist eine *Gerade.* **Beispiel:** Ohm'scher Widerstand.

Nichtlineare BE haben eine beliebig gekrümmte Kennlinie als Zusammenhang zwischen Eingangs- und Ausgangsgröße. Beispiele: Halbleiterdiode, Transistor.

Schaltzeichen sind grafische Symbole, die nach DIN- und IEC-Normen für jedes BE festgelegt sind. Die Schaltzeichen elektrischer BE werden als bekannt vorausgesetzt. Schaltzeichen *elektronischer* BE werden bei ihrer ersten Verwendung gezeigt.

© Springer Fachmedien Wiesbaden GmbH, ein Teil von Springer Nature 2021
L. Stiny, *Schnelleinführung Elektronik*, https://doi.org/10.1007/978-3-658-33462-8_3

Ein *Schaltplan* oder *Schaltbild* besteht aus Schaltzeichen (Symbolen). Es ist die grafische Darstellung einer elektronischen Schaltung. Im Schaltplan werden die *Verbindungen* der BE wiedergegeben, nicht aber ihre Gestalt und Anordnung.

3.2   Datenblätter

Datenblätter sind in der Elektronik die wichtigsten Informationsquellen des Anwenders von BE, die genau Auskunft über die mechanischen und elektrischen Eigenschaften von BE geben. Der BE- oder Schaltkreishersteller stellt diese umfassenden Informationsmittel normalerweise kostenlos zur Verfügung. Der Umgang mit Datenblättern muss beherrscht werden. Häufig können aktuelle Datenblätter aus dem Internet bezogen werden.

Technische Daten sind *Zusagen* von *Eigenschaften* und *Leistungen*. Sie ziehen evtl. *Gewährleistungsansprüche* nach sich.

3.2.1   Aufbau von Datenblättern

Das Datenblatt (data sheet) eines BE hat z. B. folgenden **Aufbau:**

1. **Allgemeine Angaben, Kurzbeschreibung des BE (General Information)**
   Typenbezeichnung (z. B. 1N4148, *Hersteller* (z. B. TI = Texas Instruments), *Technologie* (Material und Herstellungsverfahren, wie z. B. TTL oder CMOS), *Anwendungsbereich* (z. B. Gleichrichterdiode, Transistor für allgemeine Verstärkungsanwendungen).

2. **Funktionsbeschreibung (Übersicht, Details)**
   z. B. Si-Allzweckdiode, 4-fach-NAND-Gatter oder Operationsverstärker.
   Bei einfachen BE reichen eine Kurzbeschreibung und Wahrheits- oder Funktionstabellen aus. Bei komplexeren BE können z. B. verbale Beschreibungen, Tabellen, Impulsdiagramme, Zustandsgrafen und Innenschaltpläne hinzukommen.
   Achtung: Entnehmen Sie nie Zeiten aus angegebenen Impulsdiagrammen durch Messen mit dem Lineal! Impulsdiagramme in Datenblättern sind *nicht* maßstabsgetreu. Es gelten nur Zeitangaben in Tabellen.
   Achtung: Dem angegebenen Innenschaltplan eines BE sollte man *nicht* vertrauen. Versuchen Sie nie, aus einem Schaltplan, der eine Innenschaltung des BE zeigt, Folgerungen hinsichtlich z. B. der Belastbarkeit am Ausgang oder der Größe eines internen Pullup-Widerstandes zu ziehen. Ein Schaltplan des Innenaufbaus eines komplexeren BE ist nur ein Beispiel, um die Funktionsweise des Schaltkreises zu veranschaulichen.

3. **Gehäusedaten**

Verwendete Werkstoffe, Art der Verkapselung (z. B. mit Epoxidharz), Nummerierung der Anschlüsse mit bestimmten Markierungspunkten. Das Gehäuse des Bausteins ist schematisch als Zeichnung mit Bemaßung dargestellt. Die Angabe erfolgt als *Blick von oben* (top view). Die Anschlüsse des Bausteins sind *außen* mit den *Signalbezeichnungen* und *innen* mit den *Pin-Nummern* beschriftet. Aus der Darstellung ist zu erkennen, welcher Pin welches Signal führt. – Mechanische Daten sind unter Nennung der Anwendungsklassen (Temperaturbereiche, Klimabedingungen, Zuverlässigkeit) und der Montagebedingungen (z. B. Löttemperaturen) angegeben.

4. **Absolute Grenzwerte (Absolute Maximum Ratings, Ratings)**

Werte von z. B. Strom, Spannung, Temperatur, Leistung, sowie mechanische Einflussgrößen, die auf keinen Fall überschritten werden dürfen. Damit die Grenzwerte unter allen Umständen eingehalten werden, müssen alle Streuwerte der Schaltung (Toleranzen der Betriebsgrößen – z. B. der Spannungsversorgung – und die BE-Werte) bei der Auslegung der Schaltung berücksichtigt werden. – Die Betriebsbedingungen der absoluten Grenzwerte hält das BE gerade noch aus. Es gibt aber keine Garantie, dass es unter diesen Bedingungen funktioniert! Werden diese Werte überschritten, so kann dies das BE zerstören. Wird das BE längere Zeit mit absoluten Grenzwerten betrieben, so kann dies die zukünftige Zuverlässigkeit herabsetzen.

5. **Empfohlene Betriebsbedingungen, Nennwerte[1] (Bemessungswerte), auch als Kennwerte bezeichnet (Recommended Operation Conditions)**

Es sind *garantierte Werte*! Bei der Einhaltung dieser elektrischen Werte durch den Anwender *garantiert* der Hersteller das Funktionieren des BE. Diese Betriebsparameter sind oft in Tabellenform oder in Diagrammen und Kennlinien angegeben.

Kennwerte beschreiben die *Eigenschaften* und die *Funktion* eines BE unter *normalen Betriebsbedingungen*. Zu vielen Kennwerten gehört eine Temperatur, auf die diese Kennwerte bezogen sind.

Die Kennwerte der BE *streuen in ihren Werten* unterschiedlich stark. In den Datenblättern werden sie oft als Mittelwerte mit unteren und oberen Grenzen angegeben. Die Streuung der Kennwerte muss bei der Entwicklung und Dimensionierung von Schaltungen berücksichtigt werden.

Bei Halbleiter-BE unterscheidet man *statische* und *dynamische* Kennwerte.

Statische Kennwerte kennzeichnen alle Funktionen eines BE, die nicht mit einer auf die Zeit bezogenen Arbeitsweise zusammenhängen. **Beispiel:** Sperrstrom bei Halbleiterdioden.

Dynamische Kennwerte geben das Zeitverhalten an. **Beispiel:** Transistor-Schaltzeiten.

---

[1]Angaben, die sich auf den Normalbetrieb beziehen, wurden früher mit der Vorsilbe „Nenn-" und werden heute mit „Bemessungs-" bezeichnet. In der Praxis werden beide Ausdrücke benutzt.

6. **Elektrische Betriebswerte (Electrical Characteristics over Recommended Free-Air Temperature Range)**
   Grenzwerte, deren Einhaltung garantiert wird, wenn das BE im Rahmen der empfohlenen Betriebsbedingungen eingesetzt wird. Zu beachten sind die messtechnischen Prüfbedingungen, unter denen die Werte ermittelt wurden.

7. **Zeitliche Anforderungen (Timing Requirements)**
   Werden diese Kennwerte eingehalten, so garantiert der Hersteller das Funktionieren des BE.

8. **Schaltzeiten (Switching Characteristics)**
   Sie geben an, wie schnell das Bauelement an den Ausgängen auf Änderungen an den Eingängen reagiert.

9. **Bedingungen zur Prüfung der Kennwerte**.
   Liste der verwendeten Messgeräte mit Angabe von Hersteller und Modellnummer, Temperaturangaben.

10. **Qualitätsdaten**
    Z. B. die Angabe von *fit*-Werten (failure in time) der BE. 1 *fit* = 1 Ausfall in 10^9 Betriebsstunden (siehe auch 3.3.4).

11. **Typische Werte**
    Dies sind *keine garantierten* Werte, sie sollen nur einen Überblick über technische Daten eines BE geben.

3.2.2 Fach-Englisch

Fast alle BE-Datenblätter sind in englischer Sprache verfasst. Entsprechend sind Besonderheiten des Fach-Englischen zu beachten.

„Müssen" heißt „*must*" oder „**should be**".

„**können**" oder „**dürfen**" heißt „**can**" oder auch „**maybe**".

Zu beachten: Die schulmäßige Übersetzung „should" = „sollen/dürfen" ist hier falsch.

Beispiel: „Signal B should be active at least 50 ns". Das heißt: Signal B **muss** mindestens 50 ns aktiv sein. Kürzere Aktivierungszeiten sind also fehlerhaft! Es bedeutet *nicht:* Das Signal B sollte (darf) zumindest 50 ns aktiv sein, wozu man in Gedanken verbindet: „wenn es nur 40 ns sind, dann schadet es auch nichts".

„**as**" wird im Sinne von „**solange**" angewandt, nicht im Sinne von „weil" oder „deshalb" (because).

„**since**" wird im Sinne eines Zeitverlaufs verwendet („**seit ...**"), nicht im Sinne von „weil" oder „deshalb" (because).

„**when**" wird verwendet, wenn das beschriebene Ereignis unvermeidbar (zwangsläufig) eintritt („wenn – dann" als Zwangsfolge).

„**if**" wird dagegen verwendet, wenn das beschriebene Ereignis von einem anderen abhängt (**Beispiel:** „wenn Sie das Kommando COPY eingeben, aber die betreffende Datei nicht existiert ...").

Zu beachten ist also:

shall kennzeichnet ein *Erfordernis,* diese Anforderungen müssen unbedingt eingehalten werden (obligatorisch, *mandatory*).

should deutet gewisse Freiheiten, Wahlmöglichkeiten an. Should kennzeichnet hierbei besonders empfohlene Vorzugslösungen *(recommended).*

may bezeichnet Wahlmöglichkeiten ohne besondere Vorzugslösungen.

optional bezeichnet Merkmale, die nicht unbedingt realisiert werden müssen. Wird aber so ein Merkmal vorgesehen, so muss die Realisierung exakt den Festlegungen entsprechen. Mit anderen Worten: Ja oder nein, aber keine Freiheiten, falls ja.

In Datenblättern ist weiterhin zu beachten:

Das at-Zeichen @ wird in Datenblättern verwendet, um *Messbedingungen* (test conditions) für einen Wert anzugeben. **Beispiel:** $V_{OUT} = 5$ V @ 0,5 A.

Achtung bei Kennzeichnung eines Datenblattes mit „PRELIMINARY". Es handelt sich um *vorläufige* Angaben zu einem Bauelement, dessen Fertigung gerade erst begonnen hat.

Oft steht im Englischen statt dem „*U*" als Formelzeichen für die elektrische Spannung ein „*V*" oder „V". Obwohl „*V*" kursiv geschrieben ist (nicht immer) und Einheitenzeichen gerade geschrieben werden, kann dies zur Verwechslung oder zumindest zur Verwirrung bezüglich Formelzeichen und Einheitenzeichen führen.

3.3 Grenzwerte, Arten und Ursachen

3.3.1 Grenzwerte für Spannungen

Ist die an einem elektronischen BE anliegende Spannung größer als ein bestimmter Grenzwert U_{max}, so kann die elektrische Feldstärke so groß werden, dass es zu einem Durchbruch kommt (siehe Abschn. 2.2.3). Die Durchbruchfeldstärke ist materialabhängig und berechnet sich aus Spannung dividiert durch Elektrodenabstand (V/m). In Luft liegt die Durchbruchfeldstärke bei ca. 2,4 kV/mm. – Ab einer kritischen Feldstärke kann es auch zu nichtlinearen Effekten kommen. Der Strom steigt dann z. B. sehr steil mit einer höheren Potenz der Spannung an.

3.3.2 Grenzwerte für Ströme

Auch die Stromstärke muss kleiner als ein bestimmter Grenzwert I_{max} bleiben, da sonst die für das BE maximal erlaubte Verlustleistung P_{tot} überschritten wird, siehe Gl. (3.1).

Lokale Unregelmäßigkeiten, z. B. die Einengung eines Leiters oder einer Leiterbahn, können zu hohen lokalen Stromdichten S ($S = I/A =$ Stromstärke pro

Querschnittsfläche) führen. Dadurch kann sich das Leitermaterial so stark erwärmen, dass es schmilzt. Diese irreversible Materialveränderung kann eine Baugruppe zerstören.

Auf Leiterplatten kann bei zu hohen Stromdichten eine Wanderung von Material auftreten (Elektromigration, metal migration), wodurch Kurzschlüsse durch Metallauswüchse entstehen können.

3.3.3 Grenzwerte für die Temperatur

Durch die Verlustleistung erwärmt sich ein BE. Wird eine bestimmte Maximaltemperatur T_{max} durch eine zu hohe Verlustleistung überschritten, so kann das BE thermisch zerstört werden, z. B. im Inneren schmelzen. Besonders bei Halbleiter-BE ist die maximal erlaubte Temperatur des pn-Überganges im Inneren des BE einzuhalten. Diese maximale Sperrschichttemperatur wird im Datenblatt meist als T_{jmax} oder $\vartheta_{J,max}$ bezeichnet.

Beispiel
Minimale Betriebstemperatur: −65 C
Maximale Betriebstemperatur: +200 C
Operating and Storage Junction Temperature Range Tj, Tstg −65 to +200 °C.

Die Sperrschichttemperatur ist nicht unmittelbar messbar. In Datenblättern wird deshalb (z. B. in der Lastminderungskurve oder in einer Tabelle) die maximal erlaubte Verlustleistung P_{tot} (Index „tot" wie total) bei einer gegebenen Umgebungs- oder Gehäusetemperatur angegeben. Die maximal erlaubte Verlustleistung, die von der Umgebungstemperatur und Kühlmaßnahmen (Kühlkörper, Lüfter) abhängt, kann dann für die Bedingungen eines bestimmten Einsatzfalles berechnet werden. Dann ist gewährleistet, dass die maximal erlaubte Sperrschichttemperatur nicht überschritten wird.

Die Verlustleistung eines BE ist das Produkt aus Spannung U_{BE} am BE und Strom I_{BE} durch das BE. Für das BE muss somit gelten:

$$U_{BE} \cdot I_{BE} < P_{tot} \tag{3.1}$$

Die drei Grenzwerte U_{max}, I_{max} und P_{tot} definieren im I-U-Diagramm eine Fläche, die als **Safe-Operating-Area (SOA)** bezeichnet wird.

Die *Grenzen* der *SOA* werden festgelegt durch (Abb. 3.1):

1. Den maximalen Strom I_{max}.
2. Die maximale thermische Verlustleistung. Sie ist durch den Wärmewiderstand gegeben. Die *Verlustleistungshyperbel* ist:

$$I = \frac{P_{tot}}{U} \tag{3.2}$$

In der üblichen doppelt logarithmischen Darstellung der SOA stellt diese Hyperbel eine *Gerade* dar.

Abb. 3.1 SOA in doppelt
logarithmischer Darstellung
mit ihren Begrenzungen

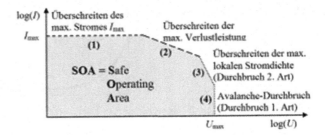

3. Die maximale lokale Stromdichte. Der Strom wird durch die maximale lokale Stromdichte begrenzt. Bei großen Verlustleistungen und dementsprechender Erwärmung des
   Kristalls in einem Halbleiter-BE ist kein homogener Stromfluss mehr gegeben. Der
   Stromfluss erfolgt dann bevorzugt in kleinen örtlichen Zonen, den *Hot Spots,* welche
   stark erhitzt werden. Dadurch kann lokal eine maximal erlaubte Stromdichte überschritten werden, ohne dass die rechnerische maximale Verlustleistung überschritten
   wird. Dieser Effekt der örtlichen Stromdichtekonzentration wird **Durchbruch 2. Art**
   (second breakdown) genannt.
4. Bei Überschreiten einer maximalen Spannung U_{max} erfolgt *schlagartig* ein Lawinendurchbruch (Durchbruch 1. Art). U_{max} darf auch kurzzeitig nicht überschritten
   werden.

3.3.4 Temperatur und Ausfälle

Ein elektronisches BE unterliegt einem Verschleiß, der zu einem Ausfall des BE führen
kann. Die **Ausfallrate** λ gibt an, welcher Bruchteil ΔN von N Bauelementen im Mittel
während eines Zeitintervalls Δt ausfällt.

$$\lambda = \frac{|\Delta N / N|}{\Delta t}; \ [\lambda] = \text{pro Zeiteinheit} \tag{3.3}$$

Die Ausfallrate λ wird in Datenblättern häufig in *fit* (failure in time) angegeben.

$$1 \, fit = \frac{10^{-9}}{h} \tag{3.4}$$

In Datenblättern wird auch oft der Kehrwert der Ausfallrate als **MTBF** (Mean Time
Between Failure) angegeben.

$$MTBF = 1/\lambda \tag{3.5}$$

Abb. 3.2 Badewannenkurve

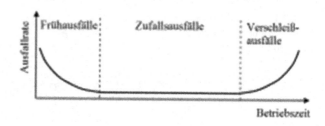

Frühausfälle treten bald nach Auslieferung eines Gerätes auf. Die Fehlerhäufigkeit von Baugruppen/Geräten ist durch die Frühausfälle anfänglich relativ hoch und bleibt nach einiger Zeit im Gebrauch auf einem wesentlich niedrigeren, konstanten Wert. Erst gegen Ende der Produktlebensdauer steigen die Fehler bedingt durch Alterung wieder an, wie in Abb. 3.2 gezeigt.

Um möglichst viele Frühausfälle noch vor der Auslieferung eines Produktes an den Kunden zu finden, werden die Baugruppen/Geräte erhöhtem Stress ausgesetzt. Sie werden in einem speziellen Betrieb, der **Burn In** genannt wird, bei erhöhter Temperatur oder Temperaturzyklen einem Voralterungsverfahren unterzogen. Dadurch wird die Zeit bis zu einem möglichen Frühausfall reduziert. Der Boden der Badewannenkurve wird in kürzerer Zeit erreicht als bei Betrieb ohne erhöhten Stress.

Der Einsatz von BE kann nach Bereichen der Betriebstemperatur eingeteilt werden:

1. kommerzieller Bereich mit 0 °C bis +70 °C,
2. industrieller Bereich mit –40 °C bis +85 °C,
3. erweiterter industrieller Bereich mit –40 °C bis +105 °C,
4. automobiler Bereich mit –40 °C bis +125 °C,
5. militärischer Bereich mit –55 °C bis +125 °C.

Werden BE bzw. Geräte in gegenüber ihrem Temperaturbereich erhöhter Umgebungstemperatur betrieben, so sinkt die Wahrscheinlichkeit ihrer Lebensdauer. Eine Erhöhung der Umgebungstemperatur um 10 °C kann eine Halbierung der Lebensdauer bedeuten!

3.4   Wärmeleitung und Verlustleistung

3.4.1   Modell für die Wärmeleitung

Fließt Strom durch ein elektronisches BE, so muss die speisende Spannungsquelle die Arbeit *W* aufwenden, da dem Fließen der Elektronen durch die Materie ein Widerstand durch Stoßvorgänge entgegengesetzt wird:

$$W = U \cdot I \cdot t; \ [W] = \mathrm{Ws} = \mathrm{J}$$

$$(3.6)$$

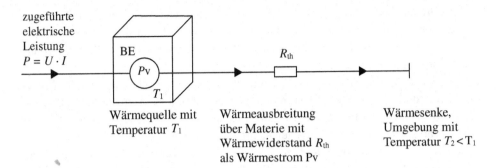

Abb. 3.3 Thermisches Ersatzschaltbild zum Begriff Wärmewiderstand

Diese elektrische Arbeit wird im BE (teilweise oder ganz) in Wärme umgewandelt. Da diese Wärme nicht gewollt und *nicht verwertbar* ist, stellt sie die elektrische *Verlust-leistung* dar:

$$P_{\mathrm{V}} = \frac{W}{t} = U \cdot I; \; [P_{\mathrm{V}}] = \mathrm{W\,(Watt)} \qquad (3.7)$$

Durch P_{V} erhöht sich die Temperatur des BE gegenüber der Umgebung. *Die Temperatur des BE steigt an*, bis im *Gleichgewicht* die *vom BE an die Umgebung abgeleitete Wärme-leistung* P_{th} *Gl. (3.8) genauso groß ist wie die elektrische Verlustleistung* P_{V} *im BE.*

Mit dem Begriff des **Wärmewiderstandes** R_{th} (besser Wärme*übergangs*widerstand, thermischer Widerstand) erhält man einen einfachen Zusammenhang zwischen der im BE entstehenden Verlustleistung und der sich dadurch ergebenden Temperaturerhöhung des BE. Sind zwei Körper 1 und 2 wärmeleitend (über ein Material) miteinander ver-bunden, so ergibt sich eine Wärmeströmung (ein Wärmestrom $P\mathrm{th}$) von 1 nach 2, wenn die Temperatur T_1 des Körpers 1 höher ist als die Temperatur T_2 des Körpers 2 (Abb. 3.3).

Der **Wärmestrom** (die übertragene Wärmeleistung) $P\mathrm{th}$ ist:

$$P_{\mathrm{th}} = \frac{Q}{t}; \; [P_{\mathrm{th}}] = \mathrm{W\,(Watt)} \qquad (3.8)$$

$P\mathrm{th}$ = Wärmestrom in Watt,
Q = Wärmemenge in Ws = J (Joule),
t = Zeiteinheit in Sekunden.

Statt dem Formelzeichen P_{th} wird für den Wärmestrom häufig das Formelzeichen $\dot{Q}$ als Ableitung der übertragenen Wärmemenge Q nach der Zeit verwendet.

Der *Wärmewiderstand* gibt an, wie stark ein *Wärmefluss behindert* wird.

Der *absolute* Wärmewiderstand eines BE gibt an, wie viel Kelvin Temperatur-differenz erforderlich sind, um eine Wärmeleistung von 1 W zu übertragen. Die Ein-heit des absoluten Wärmewiderstandes ist K/W. Für Kühlkörper wird z. B. der absolute Wärmewiderstand angegeben.

Der *spezifische* Wärmewiderstand eines Materials hat die Einheit $(m \cdot K)/W$ (Meter mal Kelvin durch Watt). Es ist eine Materialkonstante und kennzeichnet die Fähigkeit eines Stoffes bzw. einer thermischen Verbindung aus Materie, Wärme zu leiten.

Der Wärmewiderstand kann sich aus mehreren Einzelwiderständen (thermischen Ver-bindun-gen) in Parallel- oder Reihenschaltung zusammensetzen. Die Berechnung des Gesamtwider-standes erfolgt nach den für die Zusammenschaltung ohmscher Wider-stände geltenden Gleichungen.

Bei einer Zerlegung in einzelne Komponenten bei einem Halbleiter-BE gilt z. B. die Reihenschaltung:

$$R_{th,JA} = R_{th,JC} + R_{th,CH} + R_{th,HA} \tag{3.9}$$

$R_{th,JA}$ = gesamter Wärmewiderstand zwischen Sperrschicht (**J**unction) und Umgebung (**A**mbient),

$R_{th,JC}$ = Wärmewiderstand Sperrschicht (**J**unction) zu Gehäuse (**C**ase) des BE = innerer Wärmewiderstand, festgelegt durch den inneren Aufbau des Bau-teils,

$R_{th,CH}$ = Wärmewiderstand Gehäuse (**C**ase) zu Kühlkörper (**H**eat Sink), gegeben durch die mechanische Verbindung zwischen Gehäuse des BE und Kühlkörper,

$R_{th,HA}$ = Wärmewiderstand Kühlkörper (**H**eat Sink) zu Umgebung (**A**mbient), bestimmt durch Material und Geometrie des Kühlkörpers.

3.4.2 Maximal zulässige Verlustleistung

Die folgenden Ausführungen gelten für den *statischen Betrieb* eines BE, die Ansteuerung des BE ist also unabhängig von der Zeit. Ein (dynamischer) *Pulsbetrieb* von BE wird hier *nicht* betrachtet.

In einem BE wird während des Betriebes elektrische Arbeit in Wärme umgesetzt. Das BE wird dadurch unerwünscht erwärmt, es entsteht in ihm die Verlustleistung:

$$P_{V,BE} = U_{BE} \cdot I_{BE} \tag{3.10}$$

$P_{V,BE}$ = Verlustleistung im BE,
U_{BE} = Spannung über dem BE,
I_{BE} = Strom durch das BE.

Eine besonders wichtige Grenzgröße eines BE ist die **maximal zulässige Verlust-leistung P_{tot}**, in deutscher Bezeichnung oft $P_{V,max}$ genannt.

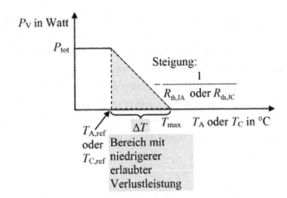

Abb. 3.4 Lastminderungskurve eines BE

Beispiel: $P_{tot} =$ Total Power Dissipation at $T_{case} \leq 45$ °C: 1 W.

Die Verlustleistung entsteht entweder in Sperrschichten von Halbleiter-BE, oder in Strukturen der BE, die einem Widerstand ähnlich sind (z. B. Bahngebiet einer Diode). Bei Halbleiter-BE ist bei statischem Betrieb und bei geringer Aussteuerung im Kleinsignalbetrieb die Verlustleistung P_V konstant und nur vom Arbeitspunkt abhängig, der ja durch Gleichgrößen festgelegt wird. Die Temperatur des BE erhöht sich bis auf einen Wert, bei dem die Wärme aufgrund des Temperaturunterschiedes von der Sperrschicht über das Gehäuse an die Umgebung abgeführt werden kann. In Datenblättern wird z. B. für den Durchlassbereich einer Diode die (statische) *maximale Verlustleistung* P_{tot} für den Fall angegeben, dass das Gehäuse des BE auf einer Temperatur von $T = 25$ °C gehalten wird. Bei höheren Temperaturen ist P_{tot} geringer (siehe *Lastminderungskurve* Abb. 3.4).

Bei einem Halbleiter-BE erhöht sich die Temperatur der Sperrschicht, die Wärme wird über das Gehäuse an die Umgebung abgeführt. Die Temperatur der Sperrschicht darf einen materialabhängigen Grenzwert $T_{J,max}$ nicht überschreiten. Bei Silizium sind dies etwa 175 °C.

Die maximale Verlustleistung, bei der $T_{J,max}$ erreicht wird, ist abhängig von

- Material und innerem Aufbau des BE,
- der Umgebungstemperatur T_A *(ambient temperature)*,
- Wärmewiderstand $R_{th,JA}$ zwischen BE und Umgebung,
- evtl. vorhandener zusätzlicher Kühlung (Kühlkörper, Gebläse).

Die maximale Verlustleistung wird für eine Umgebungstemperatur T_A *oder* eine Gehäusetemperatur T_C *(case temperature)* angegeben. Mit $T_{A,ref}$ wird eine **Referenzumgebungstemperatur** bzw. mit $T_{C,ref}$ (meist 25 °C) eine **Referenzgehäusetemperatur** spezifiziert. **Bis zu diesen Temperaturen ist $P_V = P_{tot}$ erlaubt.** Ist die tatsächliche Umgebungs- bzw. Gehäusetemperatur höher als $T_{A,ref}$ bzw. $T_{C,ref}$, so fällt die maximal erlaubte Verlustleistung in Abhängigkeit der Temperatur linear ab, sie ist entsprechend niedriger. Diese Reduzierung von P_{tot} in Abhängigkeit der Temperatur wird im Datenblatt in der **Lastminderungskurve** (P_V-Derating-Diagram) dargestellt, in der P_{tot} in Abhängigkeit von T_A und/oder T_C aufgetragen ist (Abb. 3.4). Zur Erklärung des Diagramms in Abb. 3.4 werden einige Zusammenhänge der Wärmelehre erläutert.

Zwischen zwei aneinander grenzenden Körpern 1 und 2 mit den unterschiedlichen Temperaturen T_1 und T_2 ($T_1 > T_2$) ergibt sich ein Wärmestrom P_{12}, der sich mit dem Wärmewiderstand $R_{th,12}$ berechnen lässt. Dies wird oft als **„Ohmsches Gesetz der Wärmelehre"** bezeichnet.

$$P_{12} = \frac{T_1 - T_2}{R_{th,12}} = \frac{\Delta T}{R_{th,12}}; \quad [R_{th}] = \frac{K}{W} \text{ oder } \frac{°C}{W} \qquad (3.11)$$

Die Temperaturdifferenz

$$\Delta T = T_1 - T_2 \qquad (3.12)$$

wird *Übertemperatur* genannt.

Mit $P_{12} = P_V$, $T_1 = T_J$, $T_2 = T_A$ und $R_{th,12} = R_{th,JA}$ wird Gl. (3.11) nach T_J aufgelöst. Man erhält für die Temperatur T_J der Sperrschicht:

$$T_J = T_A + P_V \cdot R_{th,JA} \qquad (3.13)$$

P_V = Verlustleistung im BE,
T_A = Umgebungstemperatur,
$R_{th,JA}$ = Wärmewiderstand zwischen Sperrschicht und Umgebung.

$R_{th,JA}$ ist meist im Datenblatt eines BE (z. B. eines Transistors) angegeben. Es ist der gesamte Wärmewiderstand zwischen Sperrschicht und Gehäuse sowie Gehäuse und Umgebung des BE. Für die Aufspaltung des Wärmewiderstandes in beide Einzelkomponenten gilt:

$$R_{th,JA} = R_{th,JC} + R_{th,CA} \qquad (3.14)$$

Wird das BE auf einen Kühlkörper montiert, so muss der Wärmewiderstand $R_{th,HA}$ zwischen Kühlkörper und Umgebung mit einbezogen werden. Man erhält Gl. (3.9) statt Gl. (3.14). Der Wert von $R_{th,HA}$ ist im Datenblatt des Kühlkörpers angegeben.

Zusätzlich zu $R_{th,JA}$ ist im Datenblatt eines BE meist auch $R_{th,JC}$ angegeben.
Beispiel:

THERMAL DATA

$R_{thj\text{-}amb}$	Thermal Resistance Junction-ambient	Max 450 °C/W,
$R_{th\ j\text{-}case}$	Thermal Resistance Junction-case	Max 150 °C/W.

Beispiel:

THERMAL Characteristics

Junction to Ambient in Free Air $R_{th(j-a)}$ 219 °C/W

    Junction to Case $R_{th(j-c)}$ 44 °C/W

    $R_{th,CH}$ hängt von der Montage des BE auf dem Kühlkörper ab und kann z. B. durch Verwendung von Wärmeleitpaste oder Wärmeleitfolie klein gehalten werden.

Für die maximal zulässige statische Verlustleistung $P_{V,max}$ eines BE bei einer maximal erlaubten (vorgegebenen) Umgebungstemperatur T_A für den Fall $T_{A,ref} < T_A < T_{J,max}$ folgt aus Gl. (3.13):

$$P_{V,max}(T_A) = \frac{T_{max} - T_A}{R_{th,JA}} = P_{tot} \cdot \frac{T_{max} - T_A}{T_{max} - T_{A,ref}} \tag{3.15}$$

Für Silizium ist $T_{J,max} \approx 150\,°C$.

    Wird statt T_A die Gehäusetemperatur T_C verwendet, so gilt für den Fall $T_{C,ref} < T_A < T_{J,max}$:

$$P_{V,max}(T_C) = \frac{T_{max} - T_C}{R_{th,JC}} = P_{tot} \cdot \frac{T_{max} - T_C}{T_{max} - T_{C,ref}} \tag{3.16}$$

Wie bereits erwähnt, wird $P_{V,max}$ in Abhängigkeit von T_A und/oder T_C im Datenblatt eines BE als Lastminderungskurve = *power derating curve* (Abb. 3.4) angegeben. Bis zu $T_{A,ref}$ bzw. $T_{C,ref}$ ist $P_V = P_{tot}$ erlaubt. Der abfallende Teil der Kurve wird durch die Gl. (3.15) und (3.16) beschrieben. *Die Gehäusetemperatur T_C eines BE kann im Betrieb gemessen werden.*

    Die Wärmewiderstände $R_{th,JA}$ und $R_{th,JC}$ können auch aus der Steigung dieser Kurven bestimmt werden.

$$R_{th(JA,JC)} = \frac{T_{max} - T_{ref}}{P_{tot}} \tag{3.17}$$

Für die Gl. (3.15) und (3.16) können die Größen P_{tot}, T_{max} und $T_{C,ref}$ bzw. $T_{A,ref}$ entweder aus der Lastminderungskurve entnommen werden oder aus dem Datenblatt werden T_{max} und $R_{th,JC}$ bzw. $R_{th,JA}$ entnommen.

    Die Größe T_{max} wird oft mit der Datenblattgröße $T_{J,max}$ gleichgesetzt.

4

Abstraktion elektronischer Bauelemente

Mit passiven BE (Widerstände, Kondensatoren, Spulen) alleine ist keine Erzeugung von Signalen mit neuen Frequenzen und keine Frequenzänderung bestehender Signale möglich. Vor allem kann auch keine Verstärkerfunktion realisiert werden, die Amplitude eines Signals kann nicht erhöht werden[1].

Außer den passiven Bauelementen gibt es *aktive* BE. Ein aktives BE kann eine Quelle elektrischer Energie sein, z. B. eine Stromquelle oder eine Batterie als Spannungsquelle. Eine Batterie ist eine *unabhängige* Quelle.

Ein aktives Bauelement kann ein elektrisches Signal, z. B. eine Wechselspannung, verstärken, wenn es mit einer energieliefernden Quelle geeignet zusammengeschaltet wird. Ein Transistor ist ein aktives Bauelement und kann zusammen mit einer Hilfsenergiequelle eine Wechselspannung verstärken. Der Transistor ist eine *gesteuerte* Quelle, die Steuerung erfolgt durch die Basisspannung oder den Basisstrom.

In diesem Abschnitt werden zunächst die idealisierten, grundlegenden Funktionen einiger elektronischer BE und Schaltungen besprochen, um sie in späteren Abschnitten teilweise zu detaillieren und zu klassifizieren.

4.1 Die Ventilfunktion

4.1.1 Eigenschaften der Diode

Die technische Ausführung eines pn-Übergangs (Abschn. 2) heißt *Halbleiterdiode* (siehe Kap. 5), kurz *Diode*. Die Diode ist ein *Zweipol*, also ein BE mit zwei Anschlüssen (griech. „di-" = zweifach). Ihr Schaltsymbol zeigt Abb. 4.1.

---

[1]Resonanzüberhöhungen bei *LC*-Schwingkreisen bilden Ausnahmen.

© Springer Fachmedien Wiesbaden GmbH, ein Teil von Springer Nature 2021
L. Stiny, *Schnelleinführung Elektronik*, https://doi.org/10.1007/978-3-658-33462-8_4

Abb. 4.1 Schaltzeichen einer
idealen Diode

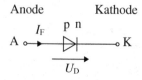

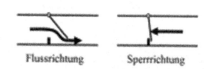

Abb. 4.2 Funktionsprinzip
einer Diode als mechanisches
Ventil im Wasserkreislauf

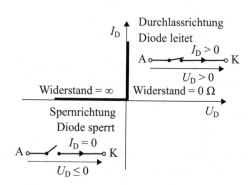

Abb. 4.3 I-U-Kennlinie
einer idealen Diode mit
mechanischen Schaltern als
Ersatzschaltungen für Sperr-
und Durchlassbereich

Mit der Diode wird eine Art Einbahnstraße für den Stromfluss realisiert. Der Strom I kann nur in Richtung des Pfeils im Schaltzeichen durch das BE fließen. Dazu muss die Spannung über dem BE mit dem Pluspol an dem „Anode" genannten Anschluss und mit dem Minuspol an dem Anschluss „Kathode" liegen. Die Spannung liegt dann in *Fluss-*, *Durchlass-* oder *Vorwärts*richtung an und es fließt der Strom I_F in Flussrichtung. Liegt die Diodenspannung U_D in entgegengesetzter Richtung am BE, so fließt kein Strom, die Diode *sperrt*.

Beide Seiten einer Diode sind durch die unterschiedlichen Dotierungen verschieden. Die Anschlüsse der Diode sind *bipolar* und *nicht vertauschbar*.

In ihrer Funktion als Stromventil ist die Diode im elektrischen Kreis mit einem Wasserventil im Wasserkreislauf vergleichbar. Dieser Funktionsvergleich ist in Abb. 4.2 dargestellt.

4.1.2 Kennlinie der idealen Diode

Die I-U-Kennlinie einer idealen Diode zeigt Abb. 4.3.

Durch eine ideale Diode fließt Strom nur in einer Richtung. In *Durchlassrichtung* wirkt die ideale Diode wie ein Kurzschluss. In *Sperrrichtung* sperrt sie einen Stromfluss vollständig, sie wirkt wie ein Leerlauf. In einer groben Näherung kann die Diode als idealer Schalter angenommen werden, der im Sperrbereich geöffnet und im Durchlassbereich geschlossen ist (Abb. 4.3). In Durchlassrichtung würde die ideale Diode einen Strom fließen lassen, ohne dass an ihr selbst ein Spannungsabfall entsteht. Wie in Abb. 4.3 zu sehen, ist die Kennlinie der Diode keine durchgehende Gerade, die Diode ist also ein *nichtlineares* BE. Das ohmsche Gesetz ist somit nicht für den gesamten Bereich der Kennlinie anwendbar.

Zusammenfassung ideale Diode
- $I_D = 0$ für $U_D \leq 0$: Sperrbetrieb, Schalter offen,
- $I_D > 0$ für $U_D > 0$: Flussbetrieb, Schalter geschlossen.

4.2 Funktion des Schalters

In der Elektronik ist das Ein- und Ausschalten von Strömen und Spannungen von zentraler Bedeutung. Vor allem in der Digitaltechnik (in der Schaltalgebra) und in elektronischen Digitalrechnern wird mit *binären* elektrischen Signalen gearbeitet, die nur zwei Spannungswerte aufweisen (U Ein oder Aus). Hier wird *nicht* auf logische Funktionen oder gar auf deren Realisierung eingegangen. Wir benötigen aber die Eigenschaften des Schalters, um mit deren Hilfe andere BE und Schaltungen beschreiben zu können. Beispiele für solche Beschreibungen sind die ideale Diode (Abb. 4.3) und der Transistor als Schalter (Abb. 6.5).

4.2.1 Der ideale Schalter

Durch einen Schalter wird zwischen zwei Punkten eine elektrisch leitende Verbindung hergestellt (Ein-Zustand) oder unterbrochen (Aus-Zustand). Wird ein Schalter betätigt, so ist der Schalter danach offen oder geschlossen. Nach der Betätigung verbleibt für unsere Zwecke der Schalter stabil in seinem Schaltzustand (keine Tastfunktion). Der Widerstand zwischen den beiden Schaltkontakten des idealen Schalters (*Streckenwiderstand, Isolationswiderstand*) ist bei *geöffnetem* Schalter *unendlich* groß, bei *geschlossenem* Schalter *null*. Der Isolationswiderstand zwischen den Kontakten des idealen geöffneten Schalters ist somit unendlich, der *Übergangswiderstand* zwischen den Kontakten des geschlossenen Schalters ist 0 Ω. Der Vorgang des Schaltens erfolgt beim idealen Schalter unendlich schnell, der eingenommene Zustand bleibt stabil bestehen. Der Fluss oder die Unterbrechung des Stromes erfolgt in unendlich kurzer Zeit in beliebiger Höhe. Ein *„Prellen"* (wiederholtes, kurzzeitiges Schließen und Öffnen im ms-Bereich) wie beim realen Schalter gibt es beim idealen Schalter nicht.

Ein mechanischer Schalter kommt dem idealen Schalter in seinen Eigenschaften nahe. Der Übergangswiderstand zwischen den geschlossenen Kontakten beträgt oft nur 1 mΩ,

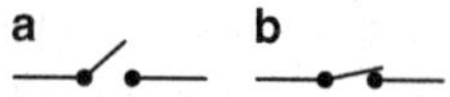

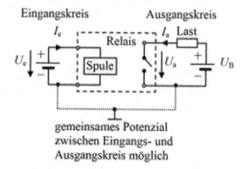

Abb. 4.4 Schaltzeichen idealer mechanischer Schalter geöffnet (**a**) und geschlossen (**b**)

Abb. 4.5 Schaltung mit Relais

der Isolationswiderstand zwischen den geöffneten Kontakten kann z. B. $10^{14}\,\Omega$ betragen. Das Schaltzeichen des mechanischen Schalters zeigt Abb. 4.4.

Sind bei einer Schaltvorrichtung *Steuerkreis (Eingangskreis)* und *Schaltkreis (Ausgangskreis)* getrennt, so liegen vier Anschlüsse vor (ein *Vierpol*). Der Steuerkreis am Eingang wird an seinen zwei Anschlüssen mit einer Steuerspannung oder einem Steuerstrom gespeist, der Leistungsbedarf $P_{\mathrm{Ve}} = U_\mathrm{e} \cdot I_\mathrm{e}$ sollte möglichst klein sein. Durch die Ansteuerung im Eingangskreis wird ein Schalter im Ausgangskreis (zwei Anschlüsse) entweder geschlossen oder geöffnet. Die Verlustleistung im Ausgangskreis P_{Va} sollte möglichst klein sein. Die Steuerleistung $P_{\mathrm{Ve}} = U_\mathrm{e} \cdot I_\mathrm{e}$ ist normalerweise wesentlich kleiner als die geschaltete Ausgangsleistung $P_\mathrm{a} = U_\mathrm{B} \cdot I_\mathrm{a}$. Mit einem kleinen Strom I_e kann ein großer Strom I_a geschaltet werden.

Ein elektromagnetisches *Relais* ist ein Beispiel für einen Vierpol als elektromechanische Schaltanordnung. Bei einem Relais wird durch die Magnetwirkung einer stromdurchflossenen Spule ein beweglich gelagertes Eisenstück (der *Anker*) angezogen. Dadurch werden ein oder mehrere mechanische Kontakte geschlossen oder geöffnet. Eine Schaltung mit einem Relais zeigt Abb. 4.5.

Besonders bei Schaltern mit Transistoren besteht meist ein gemeinsames Potenzial zwischen Eingangs- und Ausgangskreis, welche sonst galvanisch getrennt sind.

Die unterschiedlichen Typen von Relais (z. B. NC = normally closed = Öffner oder NO = normally open = Schließer) werden hier nicht besprochen.

Zusammenfassung idealer Schalter
Ein-Zustand

- Eingangskreis
  Steuerleistung $P_{\mathrm{Ve}} = U_\mathrm{e} \cdot I_\mathrm{e} = 0\ \mathrm{W}$

- Ausgangskreis
  Verlustleistung $P_{Va} = U_a \cdot I_a = 0 \cdot I_a = 0\,\text{W}$
  $I_a > 0$, beliebig groß, Kontaktübergangswiderstand $R_a = U_a/I_a = 0\,\text{V}/I_a = 0\,\Omega$
  geschaltete Ausgangsleistung $P_a = U_B \cdot I_a$.

Aus-Zustand:

- Eingangskreis
  $I_e = 0\,\text{A}$ oder $U_e = 0\,\text{V}$.
  Steuerleistung $P_{Ve} = U_e \cdot I_e = 0\,\text{W}$.
- Ausgangskreis
  Verlustleistung $P_{Va} = U_a \cdot I_a = U_a \cdot 0 = 0\,\text{W}$.
  $I_a = 0$, Isolationswiderstand $R_a = U_a/I_a = \infty$.

Übergangszeit der Zustände: $t = 0$ s, kein Prellen, trägheitslos, kein Verschleiß.

4.2.2 Der reale Schalter

Der reale Schalter besitzt z. B. im Aus-Zustand zwar einen sehr großen, aber keinen unendlich hohen Streckenwiderstand (Isolationswiderstand). Im Ein-Zustand ist der Kontaktübergangswiderstand (vor allem bei mechanischen Schaltern) zwar meist sehr klein, aber nicht 0 Ω. Dadurch fällt auch im Ausgangskreis eine Verlustleistung an, z. B. in Form von erhitzten Relaiskontakten. Bei einem Eingangskreis muss eine Steuerleistung aufgebracht werden. Diese und weitere Eigenschaften sind in der folgenden Zusammenfassung des realen Schalters aufgeführt.

Zusammenfassung realer Schalter
Ein-Zustand

- Eingangskreis
  Steuerleistung $P_{Ve} = U_e \cdot I_e > 0\,\text{W}$.
- Ausgangskreis
  Verlustleistung $P_{Va} = U_a \cdot I_a = 0 \cdot I_a > 0\,\text{W}$.
  $I_a > 0$, beschränkt, Kontaktübergangswiderstand $R_a = U_a/I_a > 0\,\Omega$.
  geschaltete Ausgangsleistung $P_a = U_B \cdot I_a$.

Aus-Zustand

- Eingangskreis
  $I_e = 0\,\text{A}$ oder $U_e = 0\,\text{V}$.
  Steuerleistung $P_{Ve} = U_e \cdot I_e = 0\,\text{W}$.

- Ausgangskreis
  Verlustleistung $P_{Va} = U_a \cdot I_a > 0\,\text{W}$.
  $I_a = 0$, Isolationswiderstand $R_a = U_a/I_a < \infty$.

Übergangszeit der Zustände: $t > 0$ **s, Prellen, Schaltfrequenz wegen mechanischen Trägheiten begrenzt, unterliegen Verschleiß.**

Wie bereits erwähnt, ist die Funktion des Ein- und Ausschaltens nicht auf mechanische Schalter beschränkt. Das Schalten von Lasten kann im Hochstrombereich z. B. mit Unipolar- oder Bipolar-Transistoren oder mit *Thyristoren* erfolgen.

Das Schalten kann auch mit einem Schwellwert U_{th} (th = threshold) der Steuerspannung verbunden sein, evtl. mit einer Hysterese zwischen Ein- und Ausschaltpunkt.

4.3   Funktion des Verstärkers

Eine Verstärkung ist allgemein die Erhöhung der Amplitude eines elektrischen Signals, ohne dessen zeitlichen Verlauf wesentlich zu verändern. Als *Verstärkungsfaktor V* (Kurzform: *Verstärkung*) wird bei einer *Spannungs*verstärkung das Verhältnis von Ausgangsgröße u_a zu Eingangsgröße u_e bezeichnet. Dabei wird hier vereinfachend ein idealisiertes, frequenz*un*abhängiges Übertragungsverhalten eines Verstärkers angenommen (ohne Kondensatoren als *Koppelglieder* im Signalweg). Die Größen in Gl. (4.1) würden sonst komplexe Zahlen werden. Wir nehmen also eine Kleinsignalaussteuerung an, die eine Kennlinien-Linearisierung erlaubt.

$$v = \left| \frac{u_a}{u_e} \right| \quad \text{(Betrag, da } u_a \text{ gegen } u_e \text{ invertiert sein kann)} \tag{4.1}$$

In aufeinanderfolgenden Bearbeitungsstufen passiver Netzwerke nimmt die Höhe eines Analogsignals ohne Signalverstärkung ab. Zur Verarbeitung von analogen Signalen ist daher oft die Möglichkeit zu ihrer *linearen* Verstärkung (Vergrößerung) notwendig. Ein in der Praxis meist ausreichendes, vereinfachtes Kennzeichen zur Überprüfung der *Linearität* ist: Eine doppelt hohe Eingangsgröße ergibt eine doppelt hohe Ausgangsgröße. Linear muss die Verstärkung sein, da das Signal sonst *verzerrt* (zeitlich verformt) wird. Bei nichtlinearer Verstärkung entstehen durch *Intermodulation* Signalkomponenten mit *neuen* Frequenzen, die im Originalsignal nicht vorhanden sind. Bei der Verstärkung von Audiosignalen werden dadurch Verfälschungen des Klangs verursacht (hoher Klirrfaktor).

Die Signal*leistung* ist am Ausgang eines Verstärkers höher als an dessen Eingang, die *Signalleistung* wird im Verstärker vergrößert. Entsprechend $p(t) = u(t) \cdot i(t)$ kann dies durch eine Vergrößerung der Strom- oder der Spannungsamplitude erfolgen. Unterschieden wird somit zwischen einer *Stromverstärkung* und einer *Spannungsverstärkung*. Im Bereich der Verstärkung von analogen Signalen wird hier hauptsächlich die Spannungsverstärkung betrachtet.

Abb. 4.6 Prinzip und Symbol eines Verstärkers als Vierpol mit Energiezufuhr durch eine Hilfsenergiequelle

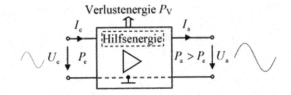

Tab. 4.1 Kenngrößen eines Verstärkers

Bezeichnung	Definition bei Gleichsignal	Definition bei Wechselsignal
Spannungsverstärkung	$V_U = \lvert U_a/U_e \rvert$	$v_u = \lvert u_a/u_e \rvert$
Stromverstärkung	$V_I = \lvert I_a/I_e \rvert$	$v_i = \lvert i_a/i_e \rvert$
Leistungsverstärkung	$V_P = \lvert V_U \rvert \cdot \lvert V_I \rvert$	$v_p = \lvert v_u \rvert \cdot \lvert v_i \rvert$
Eingangswiderstand	$R_e = U_e/I_e$	$r_e = u_e/i_e$
Ausgangswiderstand	$R_a = U_a/I_a$	$r_a = u_a/i_a$

Zur Erhöhung der Signalleistung muss ein Verstärker mindestens ein aktives BE (z. B. einen Transistor) enthalten, welches der Verstärkerschaltung Energie zuführt. Ist an den Ausgang eines Verstärkers eine Last angeschaltet, so benötigt nach dem Energie-erhaltungssatz der Verstärker eine Quelle einer *Hilfsenergie*. Diese besteht üblicherweise aus einer Gleichspannungsquelle (Netzteil). Dem Verstärker muss mindestens soviel Hilfsenergie zugeführt werden, wie er Energie dem Signal zuführt (und zusätzlich die in Form von Wärme entstehende Verlustenergie P_V). Die Ausgangsleistung wird von der Quelle der Hilfsenergie gespeist. Da die am Ausgang entnehmbare Leistung größer als die am Eingang zugeführte Leistung ist, handelt es sich bei einem Verstärker um einen *aktiven Vierpol* (Abb. 4.6).

Eine Einteilung von Verstärkern ist u. a. nach ihren Kenndaten möglich. Ein Beispiel einer Klassifizierung von Verstärkern zeigt Tab. 4.1.

In der Verstärkertechnik mit Bipolartransistoren wird die Größe V_I als $B = Gleich$-*stromverstärkungsfaktor* und v_i als $\beta = Wechselstromverstärkungsfaktor$ (jeweils in *Emitter*schaltung) bezeichnet. $V_U = A$ und $v_u = \alpha$ sind die jeweiligen Größen in *Basis*-schaltung.

Details einer Verstärkerschaltung werden zunächst weggelassen, z. B. Kondensatoren zur Gleichspannungsentkopplung mehrerer Verstärkerstufen oder Maßnahmen zur Signalgegenkopplung zur Stabilisierung der Lage des Arbeitspunktes. Auf diese Weise kann ein einfaches Ersatzschaltbild mit *gesteuerten Quellen* zur Beschreibung eines Ver-stärkers verwendet werden. Wir betrachten hier nur eine Spannungsverstärkung. Die Funktion des Verstärkers entspricht dann der Wirkungsweise einer spannungsgesteuerten Spannungsquelle.

In Abb. 4.7 ist U_q eine Signalquelle mit dem Innenwiderstand R_i. Ihre Spannung U_q ist klein und wird verstärkt. Sie wird als Eingangsspannung U_e dem Eingang eines

Abb. 4.7 Vereinfachtes
Ersatzschaltbild eines
(Gleich-)Spannungsverstärkers
mit spannungsgesteuerter
Spannungsquelle bei
frequenzunabhängigem
Übertragungsverhalten

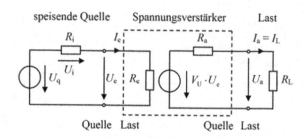

Spannungsverstärkers zugeführt. Ist der Eingangswiderstand $R_e \gg R_i$, so ist $U_e \approx U_q$, da dann zwischen R_e und R_i fast keine Spannungsteilung erfolgt. Idealerweise ist für einen Spannungsverstärker $R_e = r_e = \infty$, die Quelle U_q wird dann nicht belastet (U_e wird nicht kleiner). Der Ausgangswiderstand des Verstärkers ist R_a. Es ist der Innenwiderstand der Spannungsquelle, die als Ausgangsspannung U_a am Lastwiderstand R_L anliegt. Ist $R_a \ll R_L$, so findet zwischen R_a und R_L fast keine Spannungsteilung statt. Idealerweise ist $R_a = r_a = 0$. Der Verstärkerausgang ist dann als ideale Spannungsquelle lastunabhängig und kann beliebige Ströme liefern. Damit vom Verstärkerausgang die maximale Leistung an die Last R_L übertragen wird, muss die Bedingung der **Leistungsanpassung** erfüllt sein. Sie ist gegeben, wenn der Lastwiderstand gleich dem Innenwiderstand der Spannungsquelle ist.

$$\underline{R_L = R_a} \text{ für Leistungsanpassung} \tag{4.2}$$

Man beachte die Nomenklatur. Der Eingangswiderstand R_e des Verstärkers ist der Lastwiderstand seiner Eingangsspannung U_e. Der Ausgangswiderstand R_a des Verstärkers ist der Innenwiderstand seiner Ausgangsspannungsquelle U_a.

Die pn-Diode (Halbleiterdiode)

5

5.1   Allgemeines

Der pn-Übergang *ohne* äußere Spannung wurde bereits in Abschn. 2.1 und *mit* äußerer Spannung in Abschn. 2.2 behandelt. Die *Ventilfunktion* wurde in Abschn. 4.1 besprochen. Darauf aufbauend wird jetzt das BE pn-Diode (Halbleiterdiode) erläutert.

Die wichtigste Eigenschaft einer Diode ist, Strom nur in einer Richtung, der Durchlassrichtung, durchzulassen. Im Gehäuse einer pn-Diode ist ein pn-Übergang mit einer metallischen Kontaktierung der p- und der n- Seite untergebracht. Die beiden Seiten unterscheiden sich durch Art und Stärke ihrer Dotierung. Wie bereits erwähnt, sind die beiden Anschlüsse somit *bipolar* und *nicht vertauschbar*. Durch Art und Verteilung des Dotierstoffes können Dioden mit speziellen Funktionen realisiert werden, z. B. *Foto-, Laser-, Zener*-Dioden. Als *Grundmaterial* wird am häufigsten *Silizium* verwendet. *Germanium* ist teurer und hat heute keine große Bedeutung mehr. Kostengünstig herstellbare **Schottky-Dioden** auf Basis eines Metall-Halbleiter-Übergangs besitzen ebenso niedrige Durchlassspannungen wie Germanium-Dioden, ihr Schaltverhalten bis in den GHz-Bereich hinein ist sogar schneller. Der Anwendungsbereich von *GaAs-Dioden* reicht bis in den HF-Bereich mit einigen 100 GHz. Da der Sperrstrom von Halbleiter-BE mit zugeführter Energie (Wärme, Licht) exponentiell ansteigt, muss das *Gehäuse* dieser BE, so auch von Dioden, *lichtundurchlässig* sein.

© Springer Fachmedien Wiesbaden GmbH, ein Teil von Springer Nature 2021
L. Stiny, *Schnelleinführung Elektronik*, https://doi.org/10.1007/978-3-658-33462-8_5

5.2   Die Diodenkennlinie

5.2.1   Näherungen der Diodenkennlinie

5.2.1.1 Näherung 1. Ordnung, ideale Diode

Die stärkste Vereinfachung einer Diode haben wir bereits in Abschn. 4.1 kennengelernt. Für ganz einfache Berechnungen kann die Diode als Schalter angenommen werden. Im Sperrbereich für $U_D \leq 0$ ist der Schalter geöffnet (somit $I_D = 0$) und im Durchlassbereich für $U_D > 0$ ist er geschlossen (somit $I_D > 0$). Dies entspricht der Funktionsweise die *idealen* Diode, siehe Abb. 4.3.

5.2.1.2 Näherung 2. Ordnung, Berücksichtigung der Schleusenspannung

Wird die Schleusenspannung einer Diode in deren Ersatzschaltbild als eigene Spannungsquelle angegeben, so wird in einem Schaltbild sofort der ungefähre Spannungsabfall über der Diode ersichtlich. Die Kennlinie der idealen Diode (Abb. 4.3) verschiebt sich dadurch nach rechts bis zur Schleusenspannung U_S (Abb. 5.1a). Die Diode selbst ist dann als ideale Diode nach Abb. 4.3 anzusehen, sie wird hier zur Kennzeichnung gestrichelt eingekreist (Abb. 5.1b).

5.2.1.3 Näherung 3. Ordnung, zusätzlich Berücksichtigung des Bahnwiderstandes

Bei der Herleitung der Shockley-Formel [Gl. (5.1)] zur mathematischen Beschreibung der Diodenkennlinie wird angenommen, dass die ganze Durchlassspannung U_D an der Sperrschicht abfällt, bzw. dass der Widerstand der Sperrschicht groß ist gegenüber dem Widerstand des übrigen p- und n-Gebietes.

Bei großen Strömen ist diese Annahme nicht zulässig. Der elektrische Widerstand des Halbleitermaterials und die Übergangswiderstände an den Kontakten sind bei großen Strömen *nicht* vernachlässigbar. Beide Widerstände werden im Bahnwiderstand R_B (oder R_S) zusammengefasst. R_B liegt zwischen 0,01 Ω bei Leistungsdioden und 10 Ω bei Kleinsignaldioden.

Der Bahnwiderstand hat eine *Linearisierung* der *Kennlinie* für *große Ströme* zur Folge. Der exponentielle Anstieg geht mit zunehmender Stärke des Durchlassstromes

Abb. 5.1 Kennlinie (**a**) und Ersatzschaltbild (**b**) mit Schleusenspannung U_S einer Diode

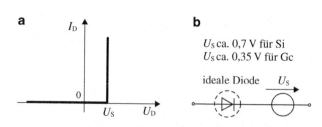

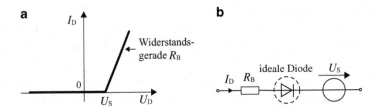

Abb. 5.2 Stückweise lineare Kennlinie (**a**) und Ersatzschaltung (**b**) einer Diode. In der Kennlinie sind für den Flussbetrieb die Schleusenspannung U_S und der Bahnwiderstand R_B berücksichtigt

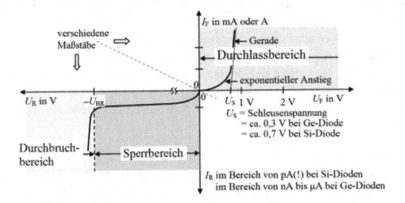

Abb. 5.3 Vollständige Strom-Spannungskennlinie einer pn-Diode

in eine *Gerade* über, da sich in horizontaler Richtung zum exponentiellen Anstieg der Diodenkennlinie ein linearer Ast (ohmscher Widerstand) addiert. In der Reihenschaltung einer Diode und eines Widerstandes addieren sich für jeden Stromwert deren Spannungswerte. Das abschnittsweise vereinfachte Ergebnis zeigt Abb. 5.2.

In Abb. 5.2 gilt:

- $I_D = 0$ für $U_D < U_S$: Sperrbetrieb.
- $I_D = \frac{U_D - U_S}{R_B}$ bzw. $U_D = U_S + I_D \cdot R_B$ für $U_D \geq U_S$: Flussbetrieb.

Die Steigung der Geraden im Flussbetrieb ist $1/R_B$.

5.2.2 Vollständige Kennlinie einer Diode

Die vollständige Strom-Spannungskennlinie einer pn-Diode besteht aus Durchlass-, Sperr- und Durchbruchbereich (Abb. 5.3).

5.2.2.1 Durchlassbereich

Im Durchlassbereich ist eine Diode stromführend, es fließt ein Strom durch sie. Der Durchlassbereich einer Halbleiterdiode beginnt ab einer Spannung zwischen Anode und Kathode $U_F > 0\,V$ (Index F wie Forward oder Flussrichtung). Allgemein heißt diese an die Diode angelegte äußere Spannung Durchlassspannung U_D (Index D wie „Diode" oder wie „Durchlass-"). Index D wie Durchlass- kann irreführend sein, wenn die Spannung in Sperrrichtung an der Diode anliegt. Ein nennenswerter Durchlassstrom fließt erst durch die Diode, wenn die Spannung zwischen Anode und Kathode größer als die Schleusenspannung U_S wird.

Der Bereich der Diodenkennlinie $0\,V < U_F \leq U_S$ weist einen *exponentiellen Anstieg* der Kennlinie auf. In diesem Bereich kann der Nichtidealitätsexponent n_D aus den Strom- und Spannungsdaten von zwei in diesem Bereich liegenden Arbeitspunkten bei einer bestimmten Sperrschichttemperatur berechnet werden.

Bei größeren Strömen geht der exponentielle Anstieg in eine Gerade eines ohmschen Widerstandes über. Hier macht sich der ohmsche Anteil des *Bahnwiderstandes* bemerkbar (siehe 0).

Der Durchlassbereich wird häufig bei der Anwendung der Diode als Gleichrichter benutzt.

5.2.2.2 Sperrbereich

Im Sperrbereich liegt die äußere Spannung U_R (Index R wie **R**everse) mit dem Minuspol an der Anode und dem Pluspol an der Kathode. Im Sperrbereich fließt nur ein *sehr kleiner Sperrstrom*. Dieser ist allerdings *exponentiell* von der *Umgebungstemperatur abhängig*.

Bei der Anwendung der Diode als *Gleichrichter* wechseln sich die Ausnutzung von Durchlass- und Sperrbereich ab.

5.2.2.3 Durchbruchbereich

Wird eine exemplarabhängige Sperrspannung $-U_{BR}$ in negativer Richtung überschritten, so steigt der Sperrstrom schlagartig sehr steil an, und zwar vom Bereich einiger pico- oder nano-Ampere auf Werte von Dutzenden Ampere. Es erfolgt ein Durchbruch, der das Bauelement meist *zerstört*, indem der Halbleiterkristall schmilzt.

Beim Durchbruch unterscheidet man zwischen *Zenerdurchbruch* und *Lawinendurchbruch*.

Zenerdurchbruch

Der Zenerdurchbruch kann bei hoch dotierten Halbleitern aufgrund hoher Feldstärken in der Sperrschicht auftreten, durch welche Valenzelektronen aus ihren Bindungen gerissen werden. Dadurch entstehen in der (normalerweise an freien Ladungsträgern verarmten) Sperrschicht viele frei bewegliche Ladungsträgerpaare, die zu einem Stromfluss beitragen können.

Lawinendurchbruch

Bei dieser Art von Durchbruch werden Elektronen, die z. B. durch die Umgebungstemperatur thermisch generiert wurden, durch die Sperrspannung so stark beschleunigt, dass sie durch ihre hohe kinetische Energie bei Zusammenstößen andere Valenzelektronen aus ihren Bindungen schlagen. Diese werden wiederum beschleunigt und führen durch weitere Stoßionisationen zu einer lawinenartigen Zunahme frei beweglicher Ladungsträgerpaare, die zu einem hohen Stromfluss beitragen können.

5.3 Beschreibung der pn-Diode durch Gleichungen

Eine Diode kann nicht nur durch ihre Strom-Spannungs-Kennlinie, sondern auch durch mathematische Gleichungen charakterisiert werden.

5.3.1 Die Shockley-Gleichung

Gl. (5.1) von W. B. Shockley beschreibt die Kennlinie einer Diode nach Abb. 5.3 im Durchlass- und im Sperrbereich.

$$I_D(U_D) = I_S \cdot \left(e^{\frac{U_D}{U_T}} - 1 \right) = I_S \cdot \left[\exp\left(\frac{U_D}{U_T} \right) - 1 \right] \tag{5.1}$$

$I_D(U_D) =$ Strom durch die Diode in Abhängigkeit der Spannung U_D an der Diode,
$U_D =$ an die Diode angelegte äußere Spannung; Flussspannung $U_D = U_F > 0$ positiv einsetzen, Sperrspannung $U_D = U_R < 0$ negativ einsetzen.
$I_S =$ Sperrsättigungsstrom oder Sättigungssperrstrom (ein *Datenblattwert*), ca. $10^{-14} \ldots 10^{-6}$ A,
e $=$ Eulersche Zahl (2,718 …)

$$U_T = \frac{k \cdot T}{e} \tag{5.2}$$

ist die **Temperaturspannung,** bei Raumtemperatur $T = 300$ K ist $U_T \approx 26$ mV,

$k =$ Boltzmann-Konstante $= 1,380\,658 \cdot 10^{-23} \frac{J}{K}$,
$T =$ absolute Temperatur in Kelvin (K) der *Sperrschicht* (*nicht* der Umgebung!),
$T = 273,15$ K $+ \vartheta$, $\vartheta =$ Temperatur in °C,
e $=$ Betrag der Elementarladung $= 1,6 \cdot 10^{-19}$ C.

Im Durchlassbereich ist in Gl. (5.1) U_D positiv, im Sperrbereich negativ einzusetzen. Gl. (5.1) gilt *nicht* im Durchbruchbereich, da bei ihrer Herleitung die elektrischen Erscheinungen beim Durchbruch nicht berücksichtigt wurden.

Die Shockley-Gleichung (5.1) berücksichtigt auch nicht den Bahnwiderstand R_B, durch dessen Einfluss die Diodenkennlinie bei Spannungen ab ca. 0,2 V (und somit bei höheren Strömen) durch den Spannungsabfall an R_B in eine Gerade übergeht. Diese Linearisierung der Kennlinie durch den Bahnwiderstand lässt sich im Durchlassbereich in Gl. (5.1) durch einen *Nichtidealitätsfaktor* **n_D** *(Korrekturfaktor, Emissionskoeffizient)* im Exponenten von Gl. (5.1) berücksichtigen. Der Wert von n_D liegt im Bereich:

$$\underline{\underline{1 \le n_D \le 2}} \tag{5.3}$$

Reale Dioden können somit durch folgende Gleichung beschrieben werden:

$$\underline{\underline{I_D(U_D) = I_S \cdot \left(e^{\frac{U_D}{n_D \cdot U_T}} - 1\right) = I_S \cdot \left[\exp\left(\frac{U_D}{n_D \cdot U_T}\right) - 1\right]}} \tag{5.4}$$

5.3.2 Vereinfachung für den Durchlassbereich

Im Durchlassbereich kann ab $U_D > 0,2$ V die „-1" in Gl. (5.1) bzw. gegenüber dem Exponentialglied vernachlässigt werden. Für $e^{\frac{U_D}{n_D \cdot U_T}} \gg 1$ gilt dann die Näherung:

$$\underline{\underline{I_D(U_D) = I_S \cdot e^{\frac{U_D}{n_D \cdot U_T}} = I_S \cdot \exp\left(\frac{U_D}{n_D \cdot U_T}\right)}} \; (U_D > 0,2\,\text{V}, 1 \le n_D \le 2) \tag{5.5}$$

5.3.3 Vereinfachung für den Sperrbereich

Obwohl die Shockley-Formel streng genommen nur für den Durchlassbereich gilt, wird sie manchmal auch für den Sperrbereich verwendet. Der tatsächliche Strom ist aber wegen Defekten in der Kristallstruktur (Einlagerungen, Verspannungen) im Sperrbetrieb erheblich größer als mit der Shockley-Formel berechnet.

Mit der vereinfachten Form Gl. (5.5) kann der Sperrsättigungsstrom berechnet werden.

$$\underline{\underline{I_S = \frac{I_D}{e^{\frac{U_D}{n_D \cdot U_T}}}}} \tag{5.6}$$

Mit guter Näherung kann im Sperrbereich auch vereinfachend ein fast *konstanter Strom*

$$\underline{\underline{I_D = -I_S}} \tag{5.7}$$

angenommen werden, der als *Sperrsättigungsstrom* im Datenblatt einer Diode zu finden ist.

5.3.4   Linearisierung der Durchlasskennlinie in einem Arbeitspunkt

5.3.4.1 Definition Arbeitspunkt

Ein Arbeitspunkt wird durch ein Wertepaar $(U_A; I_A)$ von Gleichspannung und Gleich-strom auf einer Kennlinie des BE festgelegt.

Die für den Arbeitspunkt geltenden Gleichgrößen werden üblicherweise durch den Index „A" gekennzeichnet. Wird an eine Diode eine Gleichspannung $U_{D,A}$ angelegt, so gehört zu dieser Spannung ein Gleichstrom $I_{D,A}$ durch die Diode. Das Wertepaar $(U_{D,A}; I_{D,A})$ kennzeichnet einen Arbeitspunkt A *auf der Kennlinie* der Diode (Abb. 5.4).

Im Zusammenhang mit den Gleichgrößen eines Arbeitspunktes spricht man auch von *Ruhegrößen,* z. B. einer (Basis-) *Ruhespannung* oder einem *Ruhestrom,* weil dies statische (zeitunabhängige) Werte und keine dynamischen Werte sind.

5.3.4.2 Definition Aussteuerung

Unter einer *Aussteuerung* wird in der Elektronik das Anlegen einer sich zeitlich ändernden Größe (einer *Signalspannung* oder eines *Signalstromes*) an die *Steuer-elektrode* eines aktiven BE verstanden. Diese Steuerelektrode ist beim Bipolartransistor die *Basis,* beim Feldeffekttransistor das *Gate.* Es kann z. B. auch der Eingang eines Verstärkers sein. Die Ausgangsgröße soll gegenüber der Eingangsgröße meist verstärkt sein, also eine größere Amplitude haben. Außerdem soll die Verstärkung meist *linear* erfolgen, damit das Ausgangssignal gegenüber dem Eingangssignal nicht verzerrt (ver-formt) ist. Ist das Ausgangssignal nicht proportional zum Eingangssignal, so enthält die Ausgangsgröße *Signalanteile mit neuen Frequenzen,* es ergibt sich ein größerer *Klirrfaktor.* Damit die Verstärkung linear bleibt, darf das Eingangssignal bestimmte Grenzen nicht überschreiten. Diese Grenzen definieren den *Aussteuerbereich.* Eine *Vollaussteuerung* liegt gerade noch innerhalb des Aussteuerbereiches. Wird der Aus-steuerbereich überschritten, so liegt eine *Übersteuerung* vor. Meist ergeben sich dann Verzerrungen des Ausgangssignals.

Abb. 5.4   Kennlinie einer Diode mit Arbeitspunkt A

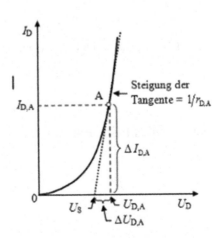

5.3.4.3 Definition Gleichstromwiderstand

Wird die Diode im Arbeitspunkt A betrieben, so liegt an der Diode die Spannung $U_{D,A}$ und durch sie fließt der Strom $I_{D,A}$. Der *Gleichstromwiderstand* der Diode, der auch als *absoluter Widerstand* bezeichnet wird, ist dann:

$$R_{D,A} = \frac{U_{D,A}}{I_{D,A}} \tag{5.8}$$

5.3.5 Definition Wechselstromwiderstand

Der *Wechselstromwiderstand* einer Diode wird auch als *differenzieller* oder *dynamischer* Widerstand bezeichnet. Er ist bedeutsam für Wechselsignale mit kleiner Amplitude, die den Gleichgrößen im Arbeitspunkt überlagert werden. Der differenzielle Widerstand im Arbeitspunkt errechnet sich aus dem Steigungsdreieck zu

$$r_{D,A} = \frac{\Delta U_{D,A}}{\Delta I_{D,A}} \tag{5.9}$$

Daraus folgt:

$$r_{D,A} = \frac{d\,U_D}{d\,I_D}\bigg|_A = \frac{1}{\frac{d\,I_D}{d\,U_D}\big|_A} \tag{5.10}$$

Der differenzielle Widerstand entspricht dem Kehrwert der Steigung der Tangente an die Diodenkennlinie im Arbeitspunkt.

Wie bereits erwähnt, schneidet die Verlängerung der Tangente an die Diodenkennlinie die Abszisse bei der Schleusenspannung U_S, so auch in Abb. 5.4. Mit der Spannung $U_{D,A}$ und dem Strom $I_{D,A}$ sowie dem differenziellen Widerstand $r_{D,A}$ kann die Schleusenspannung dargestellt werden als

$$U_S = U_{D,A} - \Delta U_{D,A} = U_{D,A} - r_{D,A} \cdot \Delta I_{D,A} = U_{D,A} - r_{D,A} \cdot I_{D,A} \tag{5.11}$$

Durch Differenzieren von Gl. (5.1) nach U_D kann man herleiten:

$$r_{D,A} = \frac{n_D \cdot U_T}{I_{D,A}} \tag{5.12}$$

Umformung zur Bestimmung des Nichtidealitätsexponenten n_D:

$$n_D = r_{D,A} \cdot \frac{I_{D,A}}{U_T} \tag{5.13}$$

Da bei der Herleitung von Gl. (5.12) von Gl. (5.1) für die ideale Diode ausgegangen wird, ist Gl. (5.12) nur für kleine differenzielle Widerstände (also sehr steile Durchlasskennlinien mit $r_{D,A} < $ ca.1 Ω) ausreichend genau. Ansonsten sollte der differenzielle Widerstand mit einem Steigungsdreieck ermittelt und die Schleusenspannung mit Gl. (5.11) oder grafisch mit der Kennlinientangente bestimmt werden.

Von praktischer Bedeutung ist der differenzielle Widerstand einer Diode bei der Eingangskennlinie eines npn-Bipolartransistors. Die Basis-Emitter-Strecke ist ein pn-Übergang, ihre Strom-Spannungs-Kennlinie entspricht der einer Diode. Bei einer Spannungssteuerung wird durch eine Basis-Emitter-Gleichspannung ein Arbeitspunkt auf der Eingangskennlinie des Transistors festgelegt. Kleine Wechselsignale werden dem Arbeitspunkt überlagert und können verstärkt (mit größerer Amplitude) am Arbeitswiderstand abgegriffen werden.

Der differenzielle Widerstand einer Diode im Durchlassbereich liegt in der *Größenordnung* von einigen Ohm bis einigen hundert Ohm.

5.4 Kenn- und Grenzwerte von Dioden

5.4.1 Definition Kennwerte

Kennwerte (electrical characteristics) sind Parameter, die den typischen Betrieb einer Diode beschreiben. Sie werden in *statische* und *dynamische* Daten eingeteilt. Statische Kenndaten beschreiben den Betrieb mit Gleichstrom, dynamische Kenndaten informieren über das Verhalten bei Wechselstrom- und Impulsbetrieb.

Beispiele für Kenndaten
- Durchlassspannung U_F bei einem bestimmten Durchlassstrom I_F
- Sperrstrom I_R für eine bestimmte Sperrspannung U_R, auch in Abhängigkeit der Temperatur
- Sperrschichtkapazität (Diodenkapazität) C_D in Abhängigkeit der Sperrspannung
- Sperrerholzeit oder Sperrverzögerungszeit (t_{rr} = reverse recovery time), ein dynamischer Kennwert. Zeit, die eine Diode braucht, um vom Durchlassbetrieb nach dem Umpolen der Spannung in den Sperrbetrieb zu schalten.

5.4.2 Definition Grenzwerte

Grenzwerte (maximum ratings) dürfen unter keinen Umständen überschritten werden, sonst kann das Bauelement zerstört werden. Häufig ist Folgendes nicht bekannt: Beim Betrieb eines BE mit einem Grenzwert darf es zwar nicht zerstört werden, es muss aber nicht funktionieren!

Beispiele für Grenzdaten

- Maximale Sperrspannung $U_{R,max}$, bis zu welcher der Sperrstrom unter einem bestimmten Grenzwert bleibt.
- Durchbruchspannung U_{BR}. Ab dieser Spannung steigt der Sperrstrom sehr steil an.
- Maximaler Dauerflussstrom $I_{F,max}$, mit Kühlbedingungen.
- Maximale Dauer-Verlustleistung $P_{V,max} = U_D \cdot I_D$.
- Maximale Sperrschichttemperatur $\vartheta_{j,max}$.
- Lagerungstemperaturbereich ϑ_{stg}.

5.5 Arten von Dioden

Ganz grob können Dioden in *Signaldioden* (**Beispiel:** 1N4148) zum Umformen (neue Formgebung) elektrischer Signale und in *Leistungsdioden* (**Beispiel:** 1N4007) zur Gleichrichtung hoher Ströme eingeteilt werden. Das Grundmaterial ist meist Silizium, seltener Germanium. Eine Einteilung bzw. Klassifizierung nach dem Funktionsprinzip (z. B. Schottky-, Zener-, Leucht-, Kapazitäts-, Mikrowellen-Diode ist ebenfalls möglich.

Die verschiedenen Spezialdioden, ihre Funktionsweisen und Anwendungsgebiete werden hier nicht behandelt. Literatur:

[22] Stiny, L.: Grundwissen Elektrotechnik und Elektronik, Eine leicht verständliche Ein-führung, 7. Auflage, Springer Vieweg Wiesbaden 2018

[24] Stiny, L.: Aktive elektronische Bauelemente, Aufbau, Struktur, Wirkungsweise, Eigenschaften und praktischer Einsatz diskreter und integrierter Halbleiter-Bauteile, 4. Auf-lage, Springer Vieweg Wiesbaden 2019

5.6 Temperaturabhängigkeit der Diodenkennlinie

Vor allem der Sperrstrom und die Durchlassspannung einer Diode sind abhängig von der Temperatur. Diese Temperaturabhängigkeit der Diodenkennlinie ist in der Praxis besonders zu beachten.

5.6.1 Temperaturabhängigkeit des Sperrstromes

Der Sperrstrom einer Diode steigt *exponentiell* mit der Temperatur an und ist somit stark von der Temperatur abhängig. Bei konstanter Sperrspannung nimmt der Diodenstrom einer Siliziumdiode mit Temperatur nach einem Potenzgesetz mit 7 %/K zu. Bei einer Temperaturerhöhung um x Kelvin gegenüber der Temperatur ϑ_0 ist der geänderte Wert des Diodenstromes I_D:

$$I_D(\vartheta_0 + x\,\text{K}) = I_D(\vartheta_0) \cdot (1{,}07)^x \tag{5.14}$$

Entsprechend $(1,07)^{10} = 1,967 \approx 2$ verdoppelt sich der Sperrstrom annähernd pro $10\,°C$ Temperaturerhöhung. Bei $-70\,V$ ist der Sperrstrom bei $50\,°C$ mit $-60\,nA$ ca. doppelt so groß wie bei $40\,°C$ mit ca. $-30\,nA$.

5.6.2 Temperaturabhängigkeit der Durchlassspannung

Bei konstantem Diodenstrom (Parallele zur Spannungsachse) verschiebt sich die Strom-Spannungskennlinie mit steigender Temperatur zu kleinerer Durchlassspannung (nach links). Die Änderung der Durchlassspannung beträgt bei einer Siliziumdiode ca. $-2\,mV/°C$. Der Spannungsabfall an der Diode in Durchlassrichtung nimmt also mit zunehmender Temperatur um ca. $2\,mV/K$ ab.

5.7 Nichtlineare Gleichstromkreise

Die Berechnung von Netzwerken, die aus linearen, passiven Zweipolen (R, L, C) und linearen Quellen (aktiven Zweipolen) zusammengesetzt sind, ist relativ einfach, weil alle Spannungen und Ströme in einem linearen Zusammenhang stehen. Enthält das Netzwerk außer ohmschen Widerständen auch Induktivitäten und/oder Kapazitäten, so hätte man lineare Differenzialgleichungen zu lösen. Durch die Verwendung komplexer Größen ergeben sich wieder rein algebraische Gleichungen. Somit können in einem *linearen* System alle Spannungen und Ströme durch das Lösen von linearen Gleichungen explizit, also in geschlossener Form nach einer Variablen aufgelöst, angegeben werden. Allgemein wird eine Abhängigkeit einer Spannung oder eines Stromes von den Spannungs- und Stromquellen im Netzwerk und von den Werten der passiven BE vorliegen.

Enthält eine Schaltung auch **nichtlineare Zweipole** (Bauteile mit einer nichtlinearen, also beliebig gekrümmten I-U-Kennlinie), so ist das **ohmsche Gesetz nicht anwendbar** und die Schaltung kann im Allgemeinen nicht direkt (in geschlossener Form) berechnet werden. In diesem Fall ist jedoch oft eine **grafische Lösung** zur Bestimmung der Strom- und Spannungsverhältnisse der Schaltung möglich, falls die I-U-Kennlinie des nichtlinearen Bauteils aus dem Datenblatt oder einer Messung bekannt ist. *Anmerkung:* Eine nummerische Näherungslösung ist ebenfalls oft möglich.

5.7.1 Widerstandsgerade und Arbeitspunkt eines nichtlinearen Widerstandes

In einem einfachen Gleichstromkreis (Abb. 5.5) aus einer linearen Spannungsquelle mit Innenwiderstand R_i und einer *nichtlinearen* Last R_L können Spannung U_{Kl} an der Last und Strom I_L durch die Last mit Hilfe der kirchhoffschen Maschenregel und mit dem ohmschen Gesetz **nicht** berechnet werden, da das ohmsche Gesetz nicht gilt. Es besteht

Abb. 5.5 Schaltung mit
nichtlinearer Last R_L

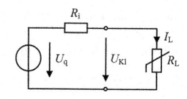

Abb. 5.6 Bestimmung der
Werte des Arbeitspunktes für
eine nichtlineare Last

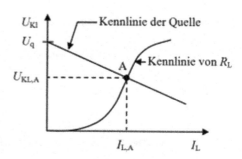

aber die Möglichkeit in einer *grafischen* Lösung. Die abfallende Kennlinie der realen Spannungsquelle und die Kennlinie der Last, die **Lastgerade, (Widerstandsgerade, Arbeitsgerade) schneiden sich im Arbeitspunkt** (Abb. 5.6). Im Arbeitspunkt A sind Spannung und Strom von Erzeuger und Verbraucher gleich groß.

Auch für einen Stromkreis aus einem linearen aktiven und einem nichtlinearen passiven Zweipol gilt, dass Ströme und Spannungen an den gemeinsamen Klemmen gleich sein müssen. Diese Tatsache nützt man für die grafische Ermittlung dieser Größen (grafisches Schnittpunktverfahren). Die Kennlinien von Quellen-Zweipol und Verbraucher-Zweipol werden in ein gemeinsames Koordinatensystem eingezeichnet. Ströme und Spannungen sind dort für beide Zweipole gleich, wo sich die beiden Kennlinien schneiden. Eine grafische Bestimmung von Lastspannung und -strom ist somit auch für eine nichtlineare Last möglich. Die Eigenschaft eines nichtlinearen Zweipols wird im Datenblatt meist als I-U-Kennlinie angegeben. Eine analytische Angabe der Kennlinie liegt überwiegend nicht vor, sodass eine rechnerische Lösung nicht möglich ist. Eine grafische Lösung hingegen ist relativ einfach. Die Kennlinie des nichtlinearen Lastwiderstandes R_L, welcher in Abb. 5.6 willkürlich vorgegeben wurde. Die Spannung an der Last $U_{KL,A}$ und der Strom durch die Last $I_{L,A}$ können als zum Arbeitspunkt gehörige Werte in Abb. 5.6 unmittelbar abgelesen werden.

Befindet sich die nichtlineare Last in einem verzweigten Netzwerk, so kann das den Zweipol umgebende Netzwerk zuerst in eine *Ersatzspannungsquelle* umgewandelt werden, ehe das grafische Lösungsverfahren angewandt wird.

5.7.2 Nichtlinearer Spannungsteiler

Als einfaches Beispiel eines nichtlinearen Spannungsteilers kann ein Stromkreis mit einer idealen Spannungsquelle U_B, einem Widerstand R und einer Diode D als nichtlineares BE betrachtet werden. Die Kennlinie der Diode ist gegeben.

Abb. 5.7 zeigt eine solche Reihenschaltung eines ohmschen Widerstandes und einer Diode. Ein linearer und ein nichtlinearer Zweipol sind somit in Reihe geschaltet. Die Werte von U_B und R sind gegeben, gesucht sind die Spannungen U_R und U_D sowie der Strom I.

Wird Gl. (5.1) nach U_D aufgelöst, so erhalten wir:

$$U_D = U_T + \ln\left(\frac{I}{I_S} + 1\right) \tag{5.15}$$

Aus einer Maschengleichung erhalten wir als Gleichung für den Strom:

$$R \cdot I + U_T \cdot \ln\left(\frac{I}{I_S} + 1\right) = U_B \tag{5.16}$$

Gl. (5.16) ist eine transzendente Gleichung, der Strom kann nicht explizit angegeben werden. Eine Lösung kann numerisch mit einem Näherungsverfahren oder grafisch erfolgen. Hier wird nur die zeichnerische Lösung erläutert. Dazu benötigen wir allerdings die Kennlinie der Diode im Durchlassbereich.

Die Maschengleichung lautet:

$$-U_B + I \cdot R + U_D = 0 \tag{5.17}$$

Nach dem Strom aufgelöst erhalten wir:

$$I = -\frac{1}{R} \cdot U_D + \frac{U_B}{R} \tag{5.18}$$

Gl. (5.18) wird als **Widerstandsgerade** oder als **Arbeitsgerade** bezeichnet. Es handelt sich um die Gleichung einer Geraden mit negativer Steigung. Als zwei Punkte, welche die Gerade festlegen, wählen wir die beiden Achsenabschnitte:

$$I = \frac{U_B}{R} \text{ für } U = 0 \tag{5.19}$$

Abb. 5.7 Ein nichtlinearer Spannungsteiler aus ohmschem Widerstand R und Diode D

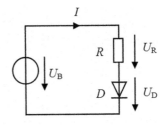

$$U = U_B \text{ für } I = 0 \tag{5.20}$$

Die Widerstandsgerade wird jetzt in die grafische Darstellung der Diodenkennlinie eingezeichnet (Abb. 5.8).

Durch Widerstand und Diode fließt der gleiche Strom. Im Schnittpunkt der Arbeitsgeraden mit der Diodenkennlinie (dem Arbeitspunkt A) sind sowohl die Maschengleichung als auch die Beziehung zwischen Spannung und Strom am nichtlinearen Element erfüllt. Die sich einstellenden Werte I_{DA} und U_{DA} können direkt abgelesen werden. Nun sind der Strom $I = I_{D,A}$ und die Spannung an der Diode $U_D = U_{D,A}$ ermittelt. Die Spannung am Widerstand ergibt sich einfach aus:

$$U_R = R \cdot I \tag{5.21}$$

Anmerkung: Man überlege sich ein Verfahren zur Konstruktion der Arbeitsgeraden, wenn der Punkt U_B *nicht* im Zeichnungsbereich liegt.

5.7.3 Grafische Lösung einer Reihenschaltung

Werden ein lineares und ein nichtlineares Element in Reihe geschaltet, so fließt durch beide Elemente der gleiche Strom, die Spannungen an den beiden Elementen addieren sich zur Gesamtspannung. Es gilt:

$$U = U_R + U_N \text{ für alle } I \tag{5.22}$$

U_R ist die Spannung am linearen Element.
U_N ist die Spannung am nichtlinearen Element.

Entsprechend der Rechenvorschrift nach Gl. (5.22) erhält man die Kennlinie des Ersatzwiderstandes R_{ers}, indem die Kennlinien der in Reihe geschalteten Einzelelemente *in Spannungsrichtung addiert* werden.

Abb. 5.8 Diodenkennlinie
und Widerstandsgerade

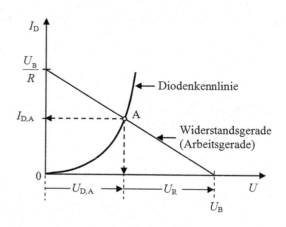

Dieses Vorgehen gilt auch für die Reihenschaltung von zwei nichtlinearen Elementen. Bei der Reihenschaltung addieren sich die Spannungen. Daraus folgt eine punktweise Addition der beiden Kennlinien in Spannungsrichtung.

Beispiel

Mit der Reihenschaltung eines linearen und eines nichtlinearen Elementes kann die Wirkung des Bahnwiderstandes (siehe Abschn. 5.2.1.3) der realen Diode erläutert werden.

In Gl. (5.1) wird angenommen, dass die ganze Spannung U_D an der Sperrschicht abfällt, bzw. dass der Widerstand der Sperrschicht groß gegenüber dem Widerstand des übrigen Halbleitergebietes ist. Bei großen Strömen ist diese Annahme nicht mehr zulässig. Der Bahnwiderstand R_B kann im Ersatzschaltbild der Diode durch die Reihenschaltung eines ohmschen Widerstandes mit einer idealen Diode berücksichtigt werden (Abb. 5.9b). Der Bahnwiderstand bewirkt eine Linearisierung der Kennlinie für große Ströme. Der exponentielle Stromanstieg geht mit zunehmender Durchlassstromstärke in eine Gerade über (Abb. 5.9a, da sich in horizontaler Richtung ein linearer Ast zum exponentiellen Anstieg der Diodenkennlinie addiert. In der Reihenschaltung von Diode und Widerstand addieren sich die Spannungswerte für jeden Stromwert. Der sehr steile Anstieg der Kennlinie einer idealen Diode ab der Schleusenspannung wird also durch den Bahnwiderstand oberhalb der Schleusenspannung flacher.

Beispiel

Gegeben sind in Abb. 5.10 die Kennlinien von zwei Dioden D_1 und D_2. Gesucht ist die Kennlinie der Reihenschaltung (Abb. 5.10a) der beiden Dioden.

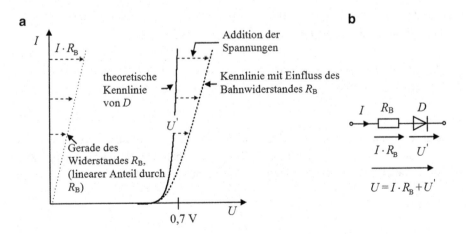

Abb. 5.9 Einfluss des Bahnwiderstandes auf die Durchlasskennlinie (links) und Ersatzschaltbild einer Diode mit Bahnwiderstand R_B (rechts)

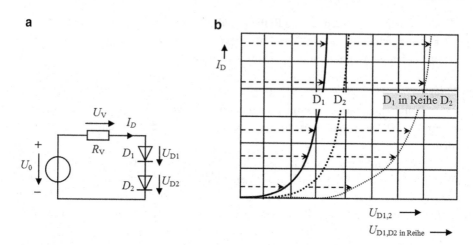

Abb. 5.10 Konstruktion der Kennlinie von zwei in Reihe geschalteten Dioden

Lösung: Bei der Reihenschaltung addieren sich die Spannungen. Die beiden Dioden-kennlinien werden in Spannungsrichtung punktweise addiert (Abb. 5.10b).

5.7.4 Grafische Lösung einer Parallelschaltung

Bei der Parallelschaltung eines linearen und eines nichtlinearen BE liegt an beiden BE die gleiche Spannung U. Die Summe der Ströme durch die beiden BE ergeben den Gesamtstrom I. Es gilt:

$$I = I_R + I_D \text{ für alle } U \tag{5.23}$$

I_R ist der Strom durch das lineare BE (im Beispiel ein ohmscher Widerstand),
I_D ist der Strom durch das *nicht*lineare BE (im Beispiel eine Diode).

Die Kennlinie des Ersatzwiderstandes wird konstruiert, indem die Kennlinien der parallel geschalteten Einzelelemente *in Stromrichtung addiert* werden.

Beispiel

Es liegt eine Parallelschaltung einer Diode mit einem ohmschen Widerstand vor (Abb. 5.11a). Die Kennlinien der beiden BE sind gegeben. Die Strom-Spannungs-Kenn-linie der Parallelschaltung ist zeichnerisch zu bestimmen. Lösung: siehe Abb. 5.11b.

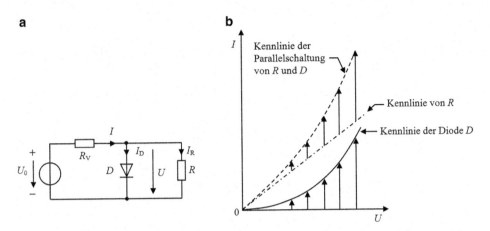

Abb. 5.11 Konstruktion der Kennlinie einer Parallelschaltung einer Diode und eines ohmschen Widerstandes. Die Ströme werden Punkt für Punkt grafisch addiert

Der Transistor

6

6.1 Bipolar- und Feldeffekttransistor (BJT und FET)

Es gibt zwei Hauptgruppen von Transistoren, die **Bipolar**- und die **Feldeffekt-**transistoren. Die Abkürzungen sind jeweils „**BJT**" (Bipolar Junction Transistor) und „**FET**".

Bei den BJT sind Elektronen *und* Löcher an der Wirkungsweise des Transistors beteiligt. Bei den FET sind entweder *nur* Elektronen oder *nur* Löcher an der Funktionsweise des Transistors beteiligt. Sie werden deshalb auch als *unipolare* Transistoren bezeichnet.

Passive BE nehmen die Leistung $P > 0$ auf, sie sind elektrische *Verbraucher.*

Der Transistor ist ein *aktives* Halbleiter-BE. Er hat zwei Hauptaufgaben: Er dient zum **Verstärken** *oder* zum **Schalten** elektrischer Signale. Mit einem aktiven BE kann mit einer kleinen Steuergröße am Eingang eine große Leistung am Ausgang *gesteuert* werden. Mit Halbleiter-BE erfolgt diese Steuerung stufenlos und proportional zur Steuergröße am Eingang. Aktive BE liefern keine Leistung, mit ihnen kann nur mit einer kleinen Leistung am Eingang eine große Leistung am Ausgang gesteuert (verändert, beeinflusst) werden. Dazu ist der Einsatz einer Hilfsenergie nötig, deren Spannungsquelle meist mit U_B *(Betriebsspannung)* bezeichnet wird.

Transistoren haben drei, in Ausnahmefällen fünf Anschlüsse (Elektroden). Einer davon ist der *Steueranschluss,* der den Stromfluss zwischen den beiden anderen Anschlüssen steuert. Bei einem BJT heißt der Steueranschluss **Basis,** bei einem FET ist der Steueranschluss das **Gate** (Tor). Die beiden anderen Anschlüsse werden beim BJT als **Emitter** (sinngemäß „Aussender") und als **Kollektor** (sinngemäß „Sammler") und beim FET als **Source** (sinngemäß „Quelle") und **Drain** (sinngemäß „Senke") bezeichnet.

© Springer Fachmedien Wiesbaden GmbH, ein Teil von Springer Nature 2021
L. Stiny, *Schnelleinführung Elektronik*, https://doi.org/10.1007/978-3-658-33462-8_6

6.2   Aufbau des BJT

Ein bipolarer Transistor ist ein Halbleiterkristall, der aus drei unterschiedlich dotierten, schichtweise aufeinander folgenden Gebieten besteht, welche zwei pn-bzw. np-Übergänge bilden. Die Folge der Gebiete ist entweder **n-p-n** *oder* **p-n-p** (Abb. 6.1). Wir betrachten *nur* **npn**-BJT. Bei pnp-Transistoren werden allen Spannungen umgepolt. Die inneren Vorgänge sind dann äquivalent zu den npn-Typen (Abb. 6.2).

Das mittlere Gebiet (die Basis) ist *sehr dünn* (etwa 1 μm bis 50 μm) und nur *schwach dotiert*. Jedes Gebiet ist mit einer sperrschichtfreien Anschlusselektrode versehen. Die drei Gebiete bzw. die nach außen geführten Anschlüsse bezeichnet man als **Emitter (E)**, **Basis (B)** und **Kollektor (C)**.

Emitter   Von einem n-Emitter werden Elektronen und von einem p-Emitter Löcher abgegeben (emittiert). Das Emittergebiet ist meist *sehr stark dotiert* (Anzahl der Donatoren z. B. 10^{17} cm^{-3}).

Basis   Der Basisanschluss ist der *Steueranschluss*. Die Basis ist eine *dünne* Schicht zwischen Emitter und Kollektor. Sie kann je nach Transistortyp n- oder p-dotiert sein.

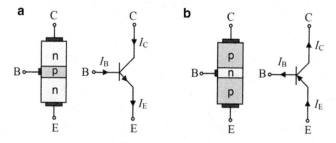

Abb. 6.1 Schematische Darstellung der Gebietsfolge eines npn-Transistors mit Schaltzeichen (**a**) und eines pnp-Transistors (**b**). Die Basis ist wegen der Beschriftbarkeit übertrieben breit gezeichnet. Der Emitterpfeil im Schaltzeichen zeigt (wie bei der Diode auch) in die *technische* Stromrichtung

Abb. 6.2   Transistorsymbole des BJT nach DIN EN 60617

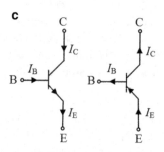

Das Basisgebiet ist um ca. zwei Größenordnungen schwächer dotiert als das Emitter-gebiet.

Kollektor Den Kollektor kann man als eine Art *Auffangelektrode* für die vom Emitter kommenden Ladungsträger betrachten. Das *Kollektorgebiet* hat eine *noch geringere Dotierung als das Basisgebiet.*

Ein bipolarer Transistor, bei dem die Stromleitung durch Elektronen *und* Löcher erfolgt, besteht also aus drei p- und n-dotierten Halbleiterschichten mit unterschiedlicher Dotierungsstärke. Der Stromfluss wird durch einen Basis**strom** gesteuert, wobei die Aus-steuerung eine gewisse Leistung erfordert.

$$P_{\text{Steuer}} = U_{\text{BE}} \cdot I_{\text{B}} > 0$$

Die Schaltzeichen nach Abb. 6.1 sind zwar noch gebräuchlich und werden in diesem Werk verwendet, sind aber veraltet und entsprechen *nicht* der DIN-Norm. Bei den DINgerechten Transistorsymbolen gibt es keinen Berührungspunkt an der Basis zwischen Kollektor und Emier (Abb. 6.2c).

6.3 Spannungen und Ströme beim BJT

Die Richtungen von Spannungen und Strömen müssen eindeutig gekennzeichnet werden (Abb. 6.3). Dies kann durch die willkürliche Festlegung von Bezugsrichtungen erfolgen.

Für den BJT wird folgende Wahl getroffen:

U_{CB}	= Spannung Kollektor-Basis
U_{BE}	= Spannung Basis-Emitter
U_{CE}	= Spannung Kollektor-Emitter
I_{C}	= Kollektorstrom
I_{B}	= Basisstrom
I_{E}	= Emitterstrom

Abb. 6.3 Bezugsrichtungen der äußeren Spannungen und Ströme beim npn-Transistor

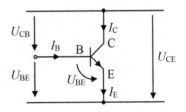

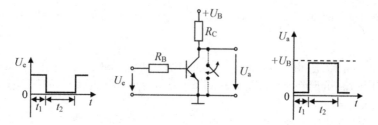

Abb. 6.4 Prinzipschaltung für einen Transistor als Schalter. Das Schaltersymbol veranschaulicht die Wirkungsweise des Transistors

6.4   Betriebsarten

Zwei grundsätzliche Betriebsarten eines Transistors sind der **Betrieb als Schalter** und der **Betrieb als linearer Verstärker.**

6.4.1   Schalterbetrieb

Beim Schalterbetrieb eines Transistors nimmt dieser nur zwei verschiedene Schaltzustände ein, nämlich EIN und AUS. Für den Schalterbetrieb wird meist die Emitterschaltung verwendet. Im Schalterbetrieb wird die Basis mit einer *impulsförmigen* Spannung so angesteuert, dass die Kollektor-Emitter-Strecke schlagartig *leitet oder sperrt* (Abb. 6.4). Die Spannung über dem Transistor, (die Spannung zwischen Kollektor und Emitter) nimmt in Abhängigkeit von dessen Schaltzustand nur zwei voneinander verschiedene Werte ein.

Bei eingeschaltetem Transistor ist U_e positiv, Strom fließt in die Basis. Der Transistor leitet, die Ausgangsspannung $U_a = U_{CE}$ ist nahezu 0 V. Die Kollektor-Emitter-Strecke kann ideal als verbunden betrachtet werden. Der ideale Schalter (siehe 4.2.1) schließt kurz, ist während t_1 eingeschaltet.

Bei gesperrtem Transistor ($U_e = 0$ oder negativ) leitet der Transistor **nicht,** es fließt kein Strom in die Basis. Die Kollektor-Emitter-Strecke ist **hochohmig**, die **Ausgangsspannung** ist fast gleich der Speisespannung $+U_B$. Der Schalter sperrt, ist ausgeschaltet.

Merksatz: Wann leitet ein npn-BJT? Die Basis ist in der Mitte. Der **npn** leitet, wenn die **Basis p**ositiv ist. Der pnp leitet, wenn die Basis **n**egativ ist.

6.4.2 Verstärkerbetrieb

Obwohl der Transistor als Verstärker (außer im Hauptfach elektronische Schaltungstechnik) in einer Prüfung selten vorkommen dürfte, wird diese Anwendung hier
besprochen, da dadurch auch das Verständnis für den Schalterbetrieb – der oft in ein-
führenden Vorlesungen zur Elektronik als Prüfungsfrage kommt – gefördert wird.

Ein linearer elektronischer Verstärker hat die Aufgabe, die kleine Amplitude eines
elektrischen Signals am Eingang auf einen gewünschten Wert am Ausgang zu vergrößern
(Abb. 6.5). Die Verstärkung soll möglichst linear, d. h. ohne Verzerrung oder Ver-
fälschung der Kurvenform des Originalsignals erfolgen (siehe auch Abschn. 4.3). Verzerrungen durch eine nichtlineare, gekrümmte Kennlinie des Verstärkers führen zu einem
merklichen Klirrfaktor. Ändert man den Basisstrom eines Transistors in positiver und
negativer Richtung um gleiche Beträge, so soll im Idealfall auch der Kollektorstrom im
gleichen Verhältnis schwanken. Dies ist eine lineare Aussteuerung des Transistors im
Verstärkerbetrieb.

Der Betrieb des Transistors als Verstärker heißt **Normalbetrieb** oder **Vorwärts-
betrieb.** Man sagt, der Transistor arbeitet im **aktiven Bereich** oder im normalen Arbeitsbereich, in dem eine lineare Verstärkung stattfindet. Diesen Betrieb zeigt Abb. 6.6.

Im Normalbetrieb werden die äußeren Gleichspannungen an den Transistor immer
so angelegt, dass der Übergang Basis-Emitter in Durchlassrichtung und der Übergang
Kollektor-Basis in Sperrrichtung gepolt ist. Im aktiven Bereich ist die Basis-Emitter-
Diode immer leitend und die Kollektor-Basis-Diode immer gesperrt.

Bei der Anwendung des Transistors als Verstärker liegt im Ausgangskreis stets ein
Lastwiderstand R_L (Arbeitswiderstand). Außerdem ist die Gleichspannung U_B (Betriebsspannung) im Ausgangskreis größer als die Gleichspannung U_{BE} im Eingangskreis. U_{BE}
bewirkt nach Polung und Größe, dass die Basis-Emitter-Diode leitet und der Gleichstrom I_B fließt. Der Gleichspannung U_{BE} ist eine kleine Wechselspannung $u_B(t)$ überlagert. Dadurch wird auch I_B ein kleiner Wechselstrom $i_B(t)$ überlagert. Ändert sich die
Eingangsspannung um ΔU_{BE}, so ergibt dies entsprechend der Steuerwirkung des Ein-
gangskreises eine starke Änderung ΔI_C des Ausgangsstromes. Dadurch entsteht am

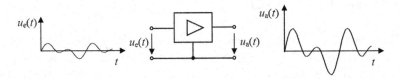

Abb. 6.5 Schematische Darstellung eines Verstärkers mit Ein- und Ausgangssignal

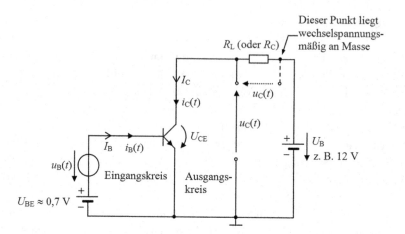

Abb. 6.6 Prinzipielle Arbeitsweise des Transistors als Verstärker (Emitterschaltung)

Lastwiderstand eine Spannungsänderung $\Delta I_C \cdot R_L$, die viel größer ist als die Eingangsspannungsänderung ΔU_{BE}. Die Eingangsspannung $u_B(t)$ wird also verstärkt und liegt als Spannungsabfall $u_C(t)$ am Lastwiderstand R_L. Die Spannung $u_B(t)$ im Eingangskreis steuert im Ausgangskreis den Strom $i_C(t)$, der die verstärkte Spannung $u_C(t)$ ergibt.

Da eine Gleichspannungsquelle für Wechselstrom durchlässig ist (sie wirkt wie ein sehr großer Kondensator und kann wechselspannungsmäßig durch einen Kurzschluss ersetzt werden), muss $u_C(t)$ nicht über zwei Klemmen an R_L abgegriffen werden, sondern kann von einem Punkt am Kollektor gegen Masse abgenommen werden. Der Betrag der Ausgangsspannungsänderung ist somit ΔU_{CE}.

R_L wird häufig mit R_C bezeichnet, da der Widerstand am Kollektor angeschlossen ist.

Bei der Emitterschaltung ist die Ausgangsspannung gegenüber der Eingangsspannung um $\varphi = 180°$ phasenverschoben. Wird die Basis positiver, so nimmt der Kollektorstrom zu, $u_C(t)$ wird größer und der Kollektor negativer (Pfeilspitze von $u_C(t)$ = negatives Potenzial).

6.5   Allgemeines zum FET

Ein FET arbeitet nach einem ganz anderen Prinzip als ein bipolarer Transistor, er ist völlig anders aufgebaut. Ein Feldeffekttransistor besteht nicht aus mehreren unterschiedlich dotierten Halbleiterschichten, sondern aus einem Halbleiterblock mit nur *einer* Dotierung (vereinfacht dargestellt). Der FET wird als **unipolarer** Transistor bezeichnet, weil *nur* Elektronen *oder nur* Löcher an der Stromleitung im Halbleiterblock beteiligt sind. Der Stromfluss wird durch eine Steuer**spannung** gesteuert (durch ein elektrisches Feld, ohne fließenden Strom). Die Steuerung des Ladungsträgerstromes erfolgt **leistungslos**, da $P_{Steuer} = U \cdot I = 0$, wenn $I = 0$. **Es fließt (fast) kein Strom in**

das Gate, da dieses durch den Aufbau beim MOSFET isoliert ist bzw. beim JFET in Sperrrichtung arbeitet.

Die leistungslose Steuerung ist der größte Unterschied zum BJT. Durch sie ergibt sich ein außerordentlich hoher Eingangswiderstand, der eine hohe Empfindlichkeit gegenüber statischen Entladungen am Gate zur Folge hat. Es besteht die Gefahr der Zerstörung des BE, wenn Anschlüsse berührt werden.

Gegen thermische Instabilitäten sind FET hingegen unempfindlich, da der Strom durch den FET mit steigender Temperatur kleiner wird.

Ein FET hat normalerweise drei Anschlüsse: **Source (S), Gate (G)** und **Drain (D).**

Source (Quelle) entspricht beim BJT dem Emitter. Gate (Tor) ist die Steuerelektrode und entspricht beim BJT der Basis. Mit dem Gate läßt sich der Widerstand zwischen Source und Drain steuern. Drain (Senke oder Abfluss) entspricht beim BJT dem Kollektor.

Den Strompfad, also das Gebiet des Halbleiterblocks, welches von Ladungsträgern (Elektronen *oder* Löcher) von Source nach Drain durchflossen wird, nennt man **Kanal** (channel).

Seinen Namen hat der Feldeffekttransistor daher, dass ein elektrisches Feld, welches senkrecht zur Stromflussrichtung wirkt, den Stromfluss steuert.

Ein auf den Halbleiterblock eines FET einwirkendes elektrisches Feld wirkt je nach seiner Stärke auf den Ladungsträgerfluss mehr oder weniger hindernd ein. FET sind daher – wie auch bipolare – Transistoren als „steuerbare elektrische Widerstände" anzusehen.

Die grundlegende Wirkungsweise eines FET beruht somit auf einem elektrischen Feld. Durch die Änderung einer zwischen Gate und Source anliegenden Steuerspannung U_{GS} wird ein im Inneren des FET aufgebautes elektrisches Feld verändert, durch welches

Entweder   die Breite (der Querschnitt) des Strom führenden Kanals

oder   die Anzahl der darinenthaltenen Ladungsträger

variiert wird.

Wir haben hier zwei völlig unterschiedliche Wirkungsmechanismen vorliegen: Die Beeinflussung des Querschnitts des leitenden Kanals *oder* die Änderung der Leitfähigkeit des Halbleitermaterials. Für die Ausführung des Gates und der daraus folgenden Steuerung des elektrischen Widerstandes gibt es somit zwei Möglichkeiten.

1. Das Gate bildet zusammen mit dem Halbleitermaterial des Kanals eine in Sperrrichtung betriebene Diode, deren Sperrschichtweite spannungsabhängig ist. Durch die Spannungsabhängigkeit der Kanalabmessungen entsteht ein spannungsgesteuerter Widerstand. Nach diesem Prinzip arbeiten die *Sperrschicht-Feldeffekttransistoren* (JFET).

2. Das Gate ist durch einen Isolator vom Kanal getrennt. Das Gate und der Halbleiter des Kanals bilden einen Plattenkondensator mit dem Isolator als Dielektrikum. Durch

Anlegen einer Steuerspannung U_{GS} zwischen Gate und Source wird der Kondensator aufgeladen. Dadurch werden zusätzliche Ladungsträger in den Kanal eingebracht und die Leitfähigkeit im Halbleiter wird erhöht. Die Steuerung des FET bzw. die Änderung der Leitfähigkeit beruhen in diesem Fall auf kapazitiven Effekten, indem im Kanal mehr oder weniger zur Leitung notwendige Ladungsträger *influenziert* werden. Nach diesem Prinzip arbeiten die *Isolierschicht-Feldeffekttransistoren*.

Wie soeben bei der Erläuterung der Wirkungsweise erwähnt, unterscheidet man (vereinfacht dargestellt) **zwei Grundformen** des FET: Den **Sperrschicht-Typ (JFET)** und den **Isolierschicht-Typ** (MOSFET – „**M**etal **O**xid Semiconducter-FET").

6.6   Aufbau des FET am Beispiel des JFET

Aufbau und Arbeitsweise eines FET sind am einfachsten mit einem n-Kanal Sperrschicht-FET (Prinzipdarstellung Abb. 6.7) zu erläutern.

An den beiden gegenüberliegenden Enden eines n-leitenden Silizium-Stäbchens sind zwei Elektroden angebracht, sie bilden die Anschlüsse Source (S) und Drain (D). Zwischen ihnen befindet sich der *Kanal*. Wird zwischen Drain und Source eine positive Spannung U_{DS} angelegt, ohne dass eine Spannung zwischen Gate (G) und Source vorhanden ist (Gate ist mit Source kurzgeschlossen), so fließen Elektronen fast ungehindert (je nach dem ohmschen Widerstand des Kanals) durch den Kanal vom Source- zum Drainanschluss. Bei $U_{GS} = 0\,V$ ist die Ausdehnung der Sperrschicht in den Kanal hinein minimal, der *Kanal hat seine maximale Leitfähigkeit*. Es fließt der maximal mögliche Kanalstrom, der als *Drain-Sättigungsstrom* I_{DSS} bezeichnet wird.

$$I_D = I_{DSS}|U_{GS} = 0 \qquad\qquad (6.1)$$

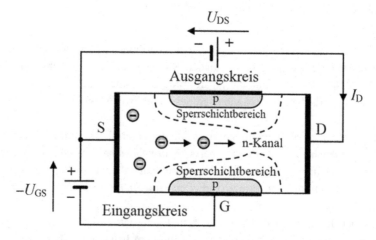

Abb. 6.7 Modell eines Sperrschicht-FET im Längsschnitt

Der n-Kanal ist ringförmig von einer p-leitenden Schicht umgeben, die mit dem Gateanschluss verbunden ist. p-Schicht und n-Kanal bilden einen pn-Übergang. Legt man zwischen Gate und Source eine negative Spannung $-U_{GS}$, so wird dieser pn-Übergang in Sperrrichtung betrieben. Die Sperrschicht (Verarmungszone mit wenig Elektronen) wird umso breiter und wächst umso stärker in den Kanal hinein, je größer die negative Gatespannung wird. Der stromführende Querschnitt des Kanals wird umso enger und damit dessen Widerstand umso größer, je negativer das Gate gegenüber Source wird. Somit kann der von Source nach Drain fließende Elektronenstrom durch die Höhe der negativen Gatespannung U_{GS} gesteuert werden. Die Steuerung erfolgt *nahezu leistungslos,* da der *Steuerstrom* ein sehr kleiner *Sperrstrom* ist.

Auch die Drain-Source-Spannung U_{DS} trägt zur Verengung des Kanals bei. Dadurch ist die Verengung unsymmetrisch und auf der Drainseite stärker ausgebildet.

Je negativer U_{GS} wird, desto enger wird der Kanal. Bei einer bestimmten Spannung $U_{GS} = U_P$, die Gate-Abschnürspannung oder nur **Abschnürspannung** *(pinch-off voltage)* genannt wird, kommt es auf der Drainseite zu einer Berührung der Sperrschichtbereiche, der Kanal wird vollständig abgeschnürt. Der Drainstrom I_D wird null.

$$I_D = 0 | U_{GS} = U_P \qquad (6.2)$$

Aus der beschriebenen Wirkungsweise ist zu erkennen, dass ein **Sperrschicht-FET immer selbstleitend** ist (bei $U_{GS} = 0\,\mathrm{V}$ fließt ein maximaler Strom I_{DSS} durch den FET). Durch die Aussteuerung mit U_{GS} kann die Leitfähigkeit nur verringert werden.

Obwohl die MOSFET technisch bedeutsamer sind, wurde für die Beschreibung der Funktionsweise der Sperrschicht-FET gewählt, da die Arbeitsweise des MOSFET schwieriger zu beschreiben und zu verstehen ist.

6.7   Spannungen und Ströme beim JFET

Abb. 6.8 zeigt die festgelegten Bezugsrichtungen von Spannungen und Strömen bei einem n-Kanal J-FET.

U_{DG} = Spannung Drain-Gate,
U_{GS} = Spannung Gate-Source,
U_{DS} = Spannung Drain-Source,

Abb. 6.8 Bezugsrichtungen der äußeren Spannungen und Ströme beim n-Kanal-JFET

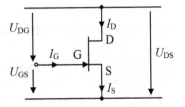

Tab. 6.1 Polarität der Spannungen und Ströme beim JFET je nach Kanaltyp	Sperrschicht-FET (JFET)	
	n-Kanal	p-Kanal
	$U_{th} < 0$	$U_{th} > 0$
	$U_{th} < U_{GS} < 0$	$0 < U_{GS} < U_{th}$
	$U_{DS} > 0$	$U_{DS} < 0$
	$I_D > 0$	$I_D < 0$

I_D = Drainstrom,
I_G = Gatestrom,
I_S = Sourcestrom.

Die Richtungen der äußeren Spannungen und Ströme können je nach FET-Typ und Kanalart unterschiedlich sein. Die **Schwellenspannung** U_{th} gibt an, ab welcher U_{GS}-Spannung ein Stromfluss durch den FET einsetzt. U_{th} gibt es auch beim MOSFET! (Tab. 6.1).

6.8   Unterschiede zwischen FET und BJT

- Der **Hauptunterschied** ist die fast verlustfreie, *leistungslose* Steuerung des FET mit einer *Spannung* gegenüber der Ansteuerung eines BJT mit einem Basis*strom*. Der *Eingangswiderstand* eines FET ist *sehr hoch*. Ein FET hat eine *höhere Sättigungsspannung* (Spannungsabfall in leitendem Zustand, Drain-Source-Sättigungsspannung) als ein BJT (Kollektor-Emitter-Sättigungsspannung).
- Ein FET ist äußerst empfindlich gegen statische Entladungen am Gate.
- Die Exemplarstreuungen der FET-Daten sind viel größer als diejenigen von BJT. Die tatsächlichen Werte des Drain-Sättigungsstroms I_{DSS} können für FET gleichen Typs stark variieren. Auch die Abschnürspannung U_P unterliegt starken Exemplarstreuungen.
- Im Vergleich zum BJT ist die Temperaturabhängigkeit eines FET geringer und die thermische Stabilität ist besser (der Drainstrom nimmt mit steigender Temperatur *ab*, der Kollektorstrom dagegen *zu*).
- Der FET schaltet schneller als der BJT, er eignet sich daher als schneller Schalter.
- Die Rauscheigenschaften von MOSFET sind im Allgemeinen günstiger als die von BJT.

6.9   Die drei Grundschaltungen des BJT

Abb. 6.9 zeigt die drei Grundschaltungen des npn-BJT. Je nach Grundschaltung ist die Basis, der Emitter oder der Kollektor gemeinsamer Anschluss von Ein- und Ausgang. Jede Grundschaltung hat bestimmte Eigenschaften, die sie für unterschiedliche

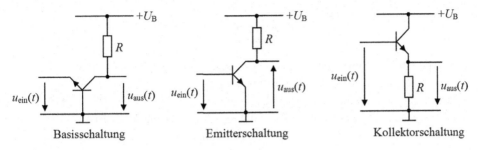

Abb. 6.9 Grundschaltungen eines npn-Transistors

Anwendungen prädestinieren. Die Grundschaltungen unterscheiden sich wesentlich in ihren Eigenschaften z. B. bezüglich Eingangs-, Ausgangswiderstand sowie Strom-, Spannungs- und Leistungsverstärkung.

6.10 Die drei Grundschaltungen des FET

Wie beim BJT gibt es beim Feldeffekttransistor drei Grundschaltungen: *Source-*, *Gate-* und *Drainschaltung* mit jeweils spezifischen Eigenschaften (Abb. 6.10). Wie bei den BJT sind die Grundschaltungen nach dem Anschluss benannt, der Ein- und Ausgang gemeinsam ist. Überwiegend wird die Sourceschaltung verwendet, sie ist mit der Emitterschaltung des BJT vergleichbar.

6.11 Kennlinien des BJT

6.11.1 Eingangskennlinie

Allgemein gibt die Eingangskennlinie den Eingangsstrom in Abhängigkeit der Eingangsspannung bei konstanter Ausgangsspannung an.

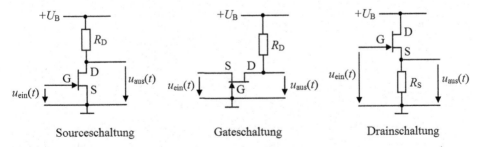

Abb. 6.10 Grundschaltungen des FET, für das Schaltsymbol wurde willkürlich ein n-Kanal JFET gewählt

$$I_e = f(U_e)|_{U_a=\text{const.}} \tag{6.3}$$

Beim BJT gibt die Eingangskennlinie den Zusammenhang $I_B = f(U_{BE})$ zwischen dem Basisstrom I_B und der Basis-Emitter-Gleichspannung U_{BE} *(Basisvorspannung, Basis-ruhespannung)* im *Eingangskreis* an. Die Eingangskennlinie $I_B = f(U_{BE})$ (Abb. 6.11) entspricht einer Diodenkennlinie im Durchlassbereich, da die Basis-Emitter-Diode im *Normalbetrieb* (= Bereich linearer Signalverstärkung) leitet. Abb. 6.11 zeigt den Verlauf der Eingangskennlinie eines BJT. AP ist der Arbeitspunkt.

Da die Eingangskennlinie einer Diodenkennlinie im Durchlassbereich entspricht, kann sie durch eine Exponentialgleichung beschrieben werden. Die Gleichung ist verein-facht, die „-1" in der Shockley-Gleichung wurde vernachlässigt:

I_B = Basisstrom,

$$I_B(U_{BE}) = I_{BS} \cdot e^{\frac{U_{BE}}{U_T}} \tag{6.4}$$

U_{BE} = Basis-Emitter-Spannung,

I_{BS}, auch als I_S oder I_{EBO} bezeichnet. Dies ist ein *Sperrstrom*, der *Emitterreststrom* oder *Emitter-Basis-Reststrom* genannt wird und bei gesperrter Basis-Emitter-Diode und offenem Kollektorkontakt (3. Index **O** wie **o**pen) gemessen wird. Dies ist ein Transistor-Parameter (Emitter cut-off current), der im *Datenblatt* angegeben wird. Die Größenordnung ist wie bei Dioden im Bereich von einigen nA bis µA.

U_T = Temperaturspannung, siehe Gl. (5.2).

Wird in einem Arbeitspunkt AP eine Tangente an die Eingangskennlinie angelegt, so schneidet sie die Abszisse bei der Spannung U_{BES}, der *Basis-Emitter-Schleusenspannung*

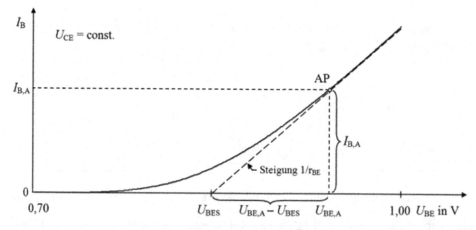

Abb. 6.11 Eingangskennlinie eines BJT (entspricht einer Diodenkennlinie im Durchlassbereich)

(Basis-Emitter-Schwellenspannung). Durch diese Linearisierung der Eingangskennlinie im Arbeitspunkt kann eine Näherung im Arbeitspunkt erfolgen:

$$I_{B,A} \approx \frac{U_{BE,A} - U_{BES}}{r_{BE}} \qquad (6.5)$$

$I_{B,A}$ = Basisstrom im Arbeitspunkt,
$U_{BE,A}$ = Basis-Emitter-Spannung im Arbeitspunkt,
U_{BES} = Basis-Emitter-Schleusenspannung,
r_{BE} = *differenzieller* (dynamischer) Eingangswiderstand, als *Kleinsignaleingangswiderstand* oder *Wechselstromeingangswiderstand* bezeichnet.

Beim Eingangswiderstand wird zwischen dem *reinen Gleichstrombetrieb* und dem Signalstrom- bzw. *Wechselstrombetrieb* unterschieden. Der statische Eingangswiderstand (Gleichstromwiderstand, Gleichstromeingangswiderstand) errechnet sich in einem Arbeitspunkt AP wie bei einer Diode zu:

$$R_e = \frac{U_{BE,A}}{I_{B,A}} \qquad (6.6)$$

Der differenzielle Eingangswiderstand (Wechselstromeingangswiderstand) r_{BE} ist bedeutsam für Wechselsignale am Eingang mit kleiner Amplitude, die den Gleichgrößen im Arbeitspunkt überlagert werden. Er gibt die Belastung an, die ein Transistoreingang für eine steuernde Signalspannungsquelle darstellt und wird für die Berechnung eines Verstärkers benötigt. Der differenzielle Eingangswiderstand in einem bestimmten Arbeitspunkt errechnet sich aus dem Kehrwert der Tangentensteigung in diesem Arbeitspunkt zu:

$$r_{BE} = \left. \frac{\partial U_{BE}}{\partial I_B(U_{BE})} \right|_{AP} \qquad (6.7)$$

Die partielle Differenziation kann entfallen, wenn die Abhängigkeit des Basisstromes I_B von der Kollektor-Emitterspannung U_{CE} als zweite Variable (neben U_{BE}) vernachlässigt wird. Es ergibt sich der einfache Differenzialquotient:

$$r_{BE} = \left. \frac{dU_{BE}}{dI_B} \right|_{AP} \qquad (6.8)$$

Der Differenzialquotient kann als Differenzenquotient mit den Größen des Steigungsdreiecks in Abb. 6.11 einfacher dargestellt werden:

$$r_{BE} = \left. \frac{\Delta U_{BE}}{\Delta I_B} \right|_{AP} \qquad (6.9)$$

Aus Gl. (6.5) erhalten wir:

$$r_{BE} = \frac{U_{BE,A} - U_{BES}}{I_{B,A}} \qquad (6.10)$$

Durch Differenzieren der Diodenkennlinie Gl. (6.4) nach U_{BE} erhält man eine Näherungsformel für r_{BE}.

$$\frac{dI_B}{dU_{BE}} = \frac{1}{U_T} \cdot I_{BS} \cdot e^{\frac{U_{BE}}{U_T}} = \frac{1}{r_{BE}} = \frac{I_B}{U_T} \qquad (6.11)$$

Somit ist der Wechselstromeingangswiderstand r_{BE} *näherungsweise:*

$$r_{BE} \approx \frac{U_T}{I_B} \qquad (6.12)$$

Diese Näherung *vernachlässigt* den *Basisbahnwiderstand* R_{BB}, der in der Größenordnung von einigen hundert Ohm liegen kann.

Für *kleine* Stromänderungen gilt näherungsweise:

$$I_C = \beta \cdot I_B \qquad (6.13)$$

B = Kleinsignalstromverstärkungsfaktor

Mit der Größe β folgt für r_{BE}:

$$r_{BE} \approx \frac{\beta \cdot U_T}{I_C} \qquad (6.14)$$

Dem differenziellen Eingangswiderstand r_{BE} entspricht der Vierpolparameter (*h*-Parameter) *h11e*.

$$r_{BE} = h_{11e} \qquad (6.15)$$

r_{BE} liegt für Basisströme im µA-Bereich in der Größenordnung von einigen hundert Ohm bis einigen kΩ. Der Gleichstromeingangswiderstand R_e in einem Arbeitspunkt ist wesentlich höher als der differenzielle Eingangswiderstand r_{BE}.

Die Eingangskennlinie ist von der Temperatur abhängig, dies ergibt eine *Temperaturdrift* des Basisstroms.

6.11.2 Übertragungskennlinie (Steuerkennlinie)

Allgemein gibt die Übertragungskennlinie den Ausgangsstrom in Abhängigkeit der Eingangsspannung bei konstant gehaltener Ausgangsspannung an.

$$I_a = f(U_e)|_{U_a = \text{const.}} \qquad (6.16)$$

Für die Aussteuerung der Basis eines BJT zur Einstellung eines Arbeitspunktes gibt es zwei Möglichkeiten:

1. Bei der **Spannungssteuerung** wird an die Basis gegenüber dem Emitter eine Gleichspannung angelegt. In die Basis fließt dadurch ein Strom, dessen Größe von U_{BE} abhängig ist. Diese Art der Aussteuerung wird im Abschn. 6.11.2.1 besprochen.
2. Bei der **Stromsteuerung** (Abschn. 6.11.2.2) wird die Basis von einer Konstantstromquelle mit einem festen, eingeprägten Strom angesteuert. Dieser Konstantstrom ist unabhängig von einer Steuerspannung.

Da die Übertragungskennlinien beim Bipolartransistor von der Ausgangsspannung U_{CE} abhängig sind, sollte immer angegeben werden, für welche Kollektor-Emitter-Spannung diese Kennlinien gelten.

6.11.2.1 Spannungssteuerung

Beim Transistor ist der Ausgangsstrom der Kollektorstrom I_C, die Eingangsspannung ist die Basis-Emitter-Spannung U_{BE} und die Ausgangsspannung ist die Kollektor-Emitter-Spannung U_{CE}.

Statt Gl. (6.16) ergibt sich:

$$I_C = f(U_{BE})|_{U_{CE}=\text{const.}} \tag{6.17}$$

Die Abhängigkeit des Kollektorstromes von der Basis-Emitter-Steuerspannung U_{BE} ist durch folgende Gleichung gegeben:

$$I_C(U_{BE}) = I_{CS} \cdot e^{\frac{U_{BE}}{U_T}} \tag{6.18}$$

I_C = Kollektorstrom,

U_{BE} = Basis-Emitter-Spannung,

I_{CS} = ein Sperrstrom, der „Kollektor-Emitter-Reststrom" genannt wird (bei sperrgepolter Basis-Kollektor-Diode, beide pn-Übergänge sind gesperrt). Je nach Art der Messung bezeichnet als

- I_{CEO} bei $I_B = 0$ (offener Basiskontakt, 3. Index **O** wie open),
- I_{CES} bei $U_{BE} = 0$ (Basis gegen den Emitter kurzgeschlossen, 3. Index **S** wie shorted).

Dies ist ein Transistor-Parameter *(Collector cut-off current)*, der im DatenblattDatenblatt angegeben wird. Die Größenordnung ist wie bei Dioden im Bereich von einigen nA bis µA (stark abhängig von der Temperatur).

U_T = Temperaturspannung.

Die simulierte Spannungs-Steuerkennlinie eines npn-Bipolartransistors 2N2222 ist in Abb. 6.12 dargestellt.

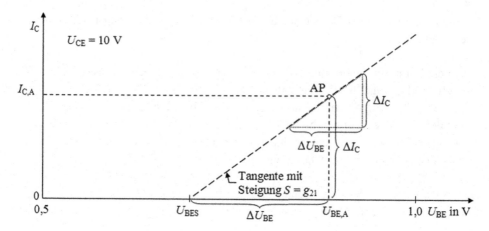

Abb. 6.12 Spannungs-Steuerkennlinie $I_C = f(U_{BE})$(Emitterschaltung)

Damit wir nicht partiell differenzieren müssen, wird die Abhängigkeit des Kollektor-stromes I_C von der Kollektor-Emitter-Spannung U_{CE} vernachlässigt. Differenzieren von Gl. (6.18) nach U_{BE} ergibt die Steigung der Spannungs-Steuerkennlinie in einem Punkt der Kennlinie:

$$S = \frac{dI_C(U_{BE})}{dU_{BE}} = \frac{1}{U_T} \cdot I_{CS} \cdot e^{\frac{U_{BE}}{U_T}} = \frac{I_C}{U_T} \qquad (6.19)$$

Wird in einem Arbeitspunkt AP eine Tangente an die Spannungs-Steuerkennlinie angelegt, so schneidet sie die Abszisse bei der Spannung U_{BES}, der Basis-Emitter-Schleusenspannung (Basis-Emitter-Schwellenspannung). Die Steigung der Tangente im Arbeitspunkt AP ist:

$$S = g_{21} = \left.\frac{\Delta I_C}{\Delta U_{BE}}\right|_{AP} = \left.\frac{dI_C}{dU_{BE}}\right|_{AP} = \left.\frac{i_C}{u_{BE}}\right|_{AP} = \frac{I_{C,A}}{U_T} \qquad (6.20)$$

Mit dem Kleinsignalstromverstärkungsfaktor β [Vorgriff auf Abschn. 6.11.2.2, siehe Gl. (6.26)] und $r_{BE} \approx \frac{\beta \cdot U_T}{I_C}$ (siehe Gl. (6.14)) folgt:

$$S = g_{21} = \frac{\beta}{r_{BE}} \qquad (6.21)$$

Die **Steilheit** S (Steigung der Tangente an die Spannungs-Steuerkennlinie im AP) wird auch als g_{21} oder als g_m bezeichnet. Sie stellt formal einen differenziellen Leitwert dar und wird *Übertragungssteilheit* genannt. Sie gibt die Empfindlichkeit des Kollektor-stromes I_C auf eine Änderung der Eingangsspannung U_{BE} in einem Arbeitspunkt an. Die Einheit der Übertragungssteilheit ist:

$$[g_{21}] = \frac{\text{mA}}{\text{V}} \qquad (6.22)$$

Das große Steigungsdreieck in Abb. 6.12 mit den Eckpunkten U_{BES}, $U_{\text{BE,A}}$ und AP kann natürlich als ähnliches (kleineres) Dreieck in den Arbeitspunkt AP verschoben werden, in Abb. 6.12 ist dieses Dreieck punktiert gezeichnet.

6.11.2.2 Stromsteuerung

Verwenden wir als Eingangsgröße statt der Basis-Emitter-Spannung U_{BE} den Basisstrom I_{B}, so ergibt sich statt Gl. (6.16) bzw. (6.17):

$$I_{\text{C}} = f(I_{\text{B}})|_{U_{\text{CE}}=\text{const.}} \qquad (6.23)$$

Die Strom-Steuerkennlinie Gl. (6.23) zeigt in Abb. 6.13 den Kollektorstrom I_{C} in Abhängigkeit des Basisstroms I_{B} als steuernde Größe bei konstanter Spannung U_{CE}. Der Ausgangsstrom I_{C} ist nahezu direkt proportional zum Basisstrom I_{B}, die Strom-Steuer-kennlinie ist näherungsweise eine vom Ursprung ausgehende *Gerade*. Sie bedeutet eine lineare Abhängigkeit des Ausgangsstroms I_{C} vom Eingangsstrom I_{B}, wie es bei einer linearen Verstärkung (ohne Verzerrungen) gefordert wird.

Die simulierte Strom-Steuerkennlinie eines npn-Bipolartransistors 2N2222 ist in Abb. 6.13 dargestellt. Aus der Strom-Steuerkennlinie kann als wichtige Kenngröße des Transistors der **Gleichstromverstärkungsfaktor B** *(Gleichstromverstärkung, statische Stromverstärkung, Großsignalverstärkung)* entnommen werden.

$$B = \frac{I_{\text{C}}}{I_{\text{B}}} \qquad (6.24)$$

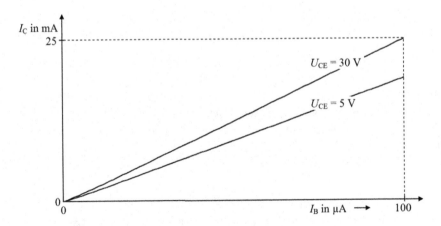

Abb. 6.13   Strom-Steuerkennlinie eines npn-Transistors in Emitterschaltung

Dass B keine Verstärkung kleiner Wechselsignale betrifft (z. B. einer Sprach- oder Musikquelle), folgt schon aus den Teilbegriffen *Gleichstrom-, statische, Großsignal-*.

In Abb. 6.13 ist $B = \frac{I_C}{I_B} = \frac{25 \cdot 10^{-3}\,\text{A}}{100 \cdot 10^{-6}\,\text{A}} = 250$ für $U_{CE} = 30$ V.

Um einen auf der Strom-Steuerkennlinie gegebenen Arbeitspunkt herum könnte B natürlich auch aus $\Delta I_C / \Delta I_B$ bestimmt werden.

Der Grund für die direkte Proportionalität zwischen Kollektor- und Basisstrom ist, dass die Gleichstromverstärkung B *durch die Stärke der Dotierung* der einzelnen Schichten des Transistors bestimmt wird. B ist also hauptsächlich von Materialverhältnissen abhängig, die durch den Aufbau des Transistors festgelegt sind, weniger von anderen Einflussgrößen.

Hiermit sollte auch klar sein, dass ein Transistor einen Strom nicht wirklich verstärkt, wie der Begriff Stromverstärkung vermuten lassen könnte. Ein Transistor kann ja keinen Strom erzeugen. Als ein stromgesteuertes Halbleiterbauelement steuert der Transistor nur einen großen (I_C) durch einen kleinen (I_B) Stromfluss.

Wie in Abb. 6.13 ersichtlich, erhält man durch den *Early-Effekt*[1] für unterschiedliche Werte der Kollektor-Emitter-Spannung U_{CE} als Kennlinien-Parameter auch unterschiedliche Strom-Steuerkennlinien.

Der Vierpolparameter (*h*-Parameter) h_{FE} (große Indizes!) entspricht in Datenblättern dem Gleichstromverstärkungsfaktor B.

$$B = h_{FE} \tag{6.25}$$

Der Gleichstromverstärkungsfaktor kann bei Transistoren des gleichen Typs sehr unterschiedlich sein. Für Kleintransistoren sind typische Werte $B = 100 \ldots 800$ und für Leistungstransistoren $B = 10 \ldots 100$.

Der Stromverstärkungsfaktor B wird deshalb zur Unterscheidung von Transistoren des gleichen Typs verwendet. Die Transistoren werden in unterschiedliche Verstärkungsgruppen eingeteilt, die z. B. durch Kennbuchstaben A, B, C unterschieden werden.

Beispiel
BC 107 A mit $B = 100 \ldots 250$, BC 107B mit $B = 250 \ldots 450$, BC 107 C mit $B = 450 \ldots 800$.

Aufgabe
Bestimmen Sie näherungsweise den Eingangswiderstand $r_{BE} = h_{11e}$ für einen Leistungstransistor mit $B = h_{FE} = 45$ bei einem Kollektorstrom $I_C = 5{,}0$ A und Raumtemperatur.

---

[1]**Early-Effekt** Wächst U_{CE} und damit U_{CB}, so verschiebt sich die Kollektor-Basis-Grenzschicht weiter in die Basis, die Basis wird „dünner" (für Ladungsträger durclässiger) und damit I_C größer.

Lösung:
Mit der Näherungsformel Gl. (6.12) ist $r_{BE} \approx \frac{U_T \cdot B}{I_C} = \frac{0,026\,V \cdot 45}{5,0\,A} = \underline{\underline{0,234\,\Omega}}$.

> Bei Leistungstransistoren mit kleiner Stromverstärkung ist ein so kleiner Eingangswiderstand normal.

Für *kleine* Stromänderungen ist der **Kleinsignalstromverstärkungsfaktor** β *(Wechselstromverstärkung, Kleinsignalverstärkung, differenzielle Stromverstärkung)* definiert als:

$$\beta = \left.\frac{\Delta I_C}{I_B}\right|_{AP} = \left.\frac{dI_C}{dI_B}\right|_{AP} = \left.\frac{i_C}{i_B}\right|_{AP} \tag{6.26}$$

Die Werte des Gleichstromverstärkungsfaktors B und des Kleinsignalstromverstärkungsfaktors β sind im Allgemeinen unterschiedlich und abhängig vom fließenden Kollektorstrom (Gleichstrom, also abhängig vom Arbeitspunkt).

Ein Wechselstromsignal wird mit einem anderen Faktor verstärkt als ein Gleichstromwert.

Wegen dem Early-Effekt ist

$$\beta > B \tag{6.27}$$

im Bereich von kleinen Kollektorströmen (ca. $I_C < 100\ \mu A$),

$$\beta < B \tag{6.28}$$

im Bereich von großen Kollektorströmen (ca. $I_C > 50\,mA$).

Für einen mittleren Bereich des Kollektorstromes, in dem $B(I_C)$ in etwa konstant ist (in dem der Gleichstromverstärkungsfaktor nahezu unabhängig vom Kollektorstrom ist, z. B. im Bereich von ca. $1\,mA \leq I_C \leq 50\,mA$), gilt in guter Näherung:

$$\beta \approx B \tag{6.29}$$

6.11.2.3 Spannungs- und Stromsteuerung im Vergleich

Die *Spannungssteuerung* des Transistors hat große *Nachteile* gegenüber der *Stromsteuerung.*

Die Spannungs-Steuerkennlinie ist stark *nicht*linear, die Strom-Steuerkennlinie dagegen ist (fast) linear. Bei einer Anwendung des Transistors als Verstärker schwankt das Eingangssignal um einen Arbeitspunkt auf der Spannungs- oder Strom-Steuerkennlinie. Wird der Transistor an der Basis mit einer Wechselspannung bzw. mit einem Wechselstrom gesteuert, so pendeln diese Werte im Rhythmus der Steuerspannung bzw. des Steuerstromes um eine Ruheeinstellung, die dem gewählten Arbeitspunkt entspricht.

Wird der Arbeitspunkt auf der Spannungs-Steuerkennlinie mit einer Gleich-spannungsquelle eingestellt, z. B. $U_{BE} = 0{,}7\,V$ wie in Abb. 6.6, so entstehen folgende Nachteile:

1. Durch die nichtlineare Spannungs-Steuerkennlinie ergeben gleich große Schwankungen der Spannung um den Arbeitspunkt *keine* gleich großen Schwankungen des Kollektorstromes um dessen Ruhewert und damit auch *keine* gleich großen Schwankungen der verstärkten Spannung am Lastwiderstand um den Ruhepunkt, siehe Abb. 6.6. Die Verstärkung ist nicht linear, das Ausgangssignal ist verzerrt (Abb. 6.14). Eine Spannungsänderung an der Basis von +50 mV und −50 mV (um 0,7 V herum) kann z. B. eine Kollektorstromänderung von +20 mA und −5 mA um den Ruhepunkt des Kollektorstromes ergeben.

2. Da der Kollektorstrom I_C durch die Krümmung der Spannungs-Steuerkennlinie stark von U_{BE} abhängt, muss die Basisvorspannung sehr genau eingestellt werden. Ändert sich die Vorspannung z. B. durch ungenügende Stabilisierung der Versorgungs-spannung, so ändert sich unerwünschterweise auch die Verstärkung.

3. Der Basisstrom und damit auch der gesteuerte Kollektorstrom ändert sich stark mit der Temperatur. Der Arbeitspunkt ist temperaturabhängig und kann „davonlaufen". Die Schaltung hat somit eine schlechte Temperaturstabilität, da der Arbeitspunkt mit der Temperatur driftet. Dadurch ändert sich nicht nur die Verstärkung, sondern es kann durch eine weitere Temperaturerhöhung und durch ein erneutes Anwachsen des Kollektorstromes (thermisches „Aufschaukeln") zu einer *Überlastung und Zerstörung des Transistors* kommen. Diese thermische Instabilität durch Eigenerwärmung wird als *Mitlaufeffekt* bezeichnet.

Bei der Stromsteuerung wird der Arbeitspunkt auf der fast linearen Strom-Steuerkenn-linie mit einer Konstantstromquelle eingestellt, z. B. $I_B = 100\,\mu A$ Gleichstrom. Werden

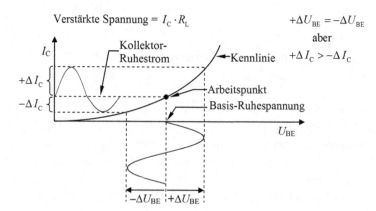

Abb. 6.14 Nichtlineare Verstärkung bei der Spannungssteuerung durch gekrümmte Kennlinie

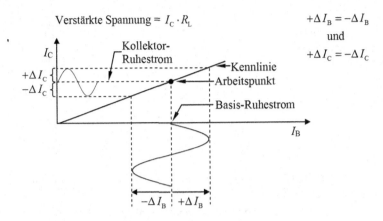

Abb. 6.15 Verzerrungsfreie Verstärkung bei der Stromsteuerung durch lineare Kennlinie

diesem Basisruhestrom Schwankungen überlagert, so ergeben sich um den Kollektor-ruhestrom herum gleich große Schwankungen des Kollektorstromes, die Verstärkung ist linear (Abb. 6.15). Da sich der Basisstrom – und damit der Kollektorstrom bei Temperaturschwankungen – nicht ändert (der Basisstrom ist *eingeprägt*), ist der Arbeits-punkt temperaturstabil und driftet nicht.

Hinweis: Dass die Wechselgrößen auf der Abszisse in Abb. 6.14 und 6.15 mit größeren Amplituden gezeichnet sind als die Wechselgrößen auf der jeweiligen Ordinate bedeutet natürlich nicht, dass diese Eingangswerte größer sind als die Ausgangswerte. Im Arbeitspunkt ist ja z. B. $\Delta I_C = \beta \cdot \Delta I_B$.

Nach $I_C = B \cdot I_B$ ist der Kollektorstrom von der Stromverstärkung abhängig. B nimmt mit steigender Temperatur zu. Somit bleibt der Nachteil, dass I_C auch bei der Stromsteuerung B von der Temperatur abhängt, jedoch in kleinerem Maße als bei der Spannungssteuerung. Nachteilig ist ebenfalls, dass B bei verschiedenen Transistoren des gleichen Typs fertigungsbedingt stark unterschiedliche Werte haben kann und dadurch evtl. ein Abgleich des Ruhestromes erforderlich ist.

6.11.2.4 Einstellung des Arbeitspunktes

Bei der *Spannungssteuerung* ist zur Einstellung des Arbeitspunktes (zur Erzeugung der Basisvorspannung U_{BE}) nicht unbedingt eine extra Gleichspannungsquelle erforderlich, sie soll aus Kostengründen vermieden werden. U_{BE} kann durch einen Spannungsteiler R_1, R_2, der aus der Betriebsspannung $+U_B$ gespeist wird, erzeugt werden (Abb. 6.16). Der *Querstrom* des Spannungsteilers R_1, R_2 (Strom durch R_1, R_2) sollte etwa das *Zehnfache des Basisstromes* betragen, damit der Spannungsteiler als *unbelastet* angesehen werden kann.

Bei der *Stromsteuerung* kann die Konstantstromquelle zur Erzeugung des Basisruhe-stromes durch einen hochohmigen Widerstand in Reihe mit der Betriebsspannungsquelle realisiert werden. Die Schaltung entspricht genau Abb. 6.16, nur dass der Widerstand R_2

Abb. 6.16 Einfache
Verstärkerstufe, Einstellung
des Arbeitspunktes mit einem
Spannungsteiler R_1, R_2

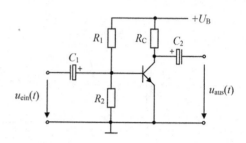

entfällt. Von der Betriebsspannung $+U_B$ wird über R_1 (einige hundert kΩ) der Basis ein Ruhestrom eingeprägt.

Häufig sollen nur Wechselspannungen (Signalspannungen) verstärkt werden. Damit eine Beeinflussung des Arbeitspunktes durch einen Gleichspannungsanteil der Eingangsspannung vermieden wird, muss der Transistoreingang von der Signalquelle gleichspannungsmäßig getrennt werden. Deshalb wird die Wechselspannung der Basis über einen **Koppelkondensator** C_1 zugeführt (Abb. 6.16). Ein Kondensator C_2 am Ausgang (Abb. 6.16) erlaubt das Abnehmen der verstärkten Wechselspannung an R_C ohne Änderung der Gleichspannungsverhältnisse. Am Ausgang dient C_2 als Koppelkondensator zur nächsten Verstärkerstufe. Durch Koppelkondensatoren wird allerdings die Verstärkung bei tiefen Frequenzen verringert. Die Kondensatoren sind groß genug zu wählen, dass die Verstärkung im ganzen Frequenzbereich noch ausreicht.

6.11.3 Ausgangskennlinien

Bei den Ausgangskennlinien muss zwischen der *Art der Aussteuerung am Eingang* unterschieden werden.

Spannungssteuerung
Allgemein gibt die Ausgangskennlinie den Ausgangsstrom in Abhängigkeit der Ausgangsspannung bei konstant gehaltener Eingangsspannung an.

$$I_a = f\,(U_a)|_{U_e=\text{const.}} \tag{6.30}$$

Stromsteuerung
Allgemein gibt die Ausgangskennlinie den Ausgangsstrom in Abhängigkeit der Ausgangsspannung bei konstant gehaltenem Eingangsstrom an.

$$I_a = f\,(U_a)|_{I_e=\text{const.}} \tag{6.31}$$

Werden mehrere Ausgangskennlinien in dieselbe Grafik eingetragen, so erhält man eine *Kurvenschar*, das **Ausgangskennlinienfeld**.

Das Ausgangskennlinienfeld ist das wichtigste Diagramm, um das Verhalten eines Transistors zu beurteilen oder eine Transistorschaltung zu dimensionieren. Eine Transistorschaltung wird durch die Wahl der Lage des Arbeitspunktes im Ausgangskennlinienfeld an eine bestimmte Aufgabe angepasst, z. B. ob die Schaltung kleine Signale *verstärken* oder als *Schalter* wirken soll.

Bei der Spannungssteuerung zeigt das Ausgangskennlinienfeld mit mehreren Kurven den Zusammenhang $I_C = f(U_{CE})|_{U_{BE}=\text{const.}}$ zwischen dem Kollektorstrom I_C und der Kollektor-Emitter-Spannung U_{CE} im Ausgangskreis, wobei der Parameter U_{BE} für jede Kennlinie einen unterschiedlichen, aber festen Wert hat.

Bei der üblicherweise wegen der besseren Linearität der Verstärkung verwendeten Stromsteuerung zeigt das Ausgangskennlinienfeld mit mehreren Kurven den Zusammenhang $I_C = f(U_{CE})|_{I_B=\text{const.}}$ zwischen dem Kollektorstrom I_C und der Kollektor-Emitter-Spannung U_{CE} im Ausgangskreis, wobei *der Parameter I_B* für jede Kennlinie einen unterschiedlichen, aber **festen** Wert hat.

Im Ausgangskennlinienfeld bei Spannungssteuerung nimmt der Abstand der Ausgangskennlinien mit stufenweiser Erhöhung der Eingangsspannung U_{BE} durch die Krümmung der Eingangskennlinie stark zu. Wegen der in Abschn. 6.11.2.3 beschriebenen Nachteile der Spannungssteuerung wird in der Praxis meist die *Stromsteuerung* verwendet. Im Ausgangskennlinienfeld bei Stromsteuerung ergeben sich Kennlinien mit gleichbleibendem Abstand, wenn der Eingangsstrom I_B in gleichmäßigen Stufen erhöht wird. Ein Beispiel eines simulierten Ausgangskennlinienfeldes des Transistors 2N2222 zeigt Abb. 6.17. Zu jeder Ausgangskennlinie gehört ein fester Basisstrom I_B.

Je nach Lage des Arbeitspunktes im Ausgangskennlinienfeld werden mehrere Arbeitsbereiche unterschieden, die nachfolgend beschrieben werden.

6.11.3.1 Aktiver Bereich

Kennzeichnend für die Ausgangskennlinien ist ihr fast horizontaler Verlauf in einem weiten Bereich von U_{CE}. In diesem Bereich ist der Kollektorstrom I_C weitgehend von der Kollektor-Emitter-Spannung U_{CE} unabhängig. Der Grund dafür ist, dass die Stärke des Elektronenstromes aus dem Emitter durch den Durchlasszustand der Basis-Emitter-Diode bestimmt wird. Die Basis-Emitter-Diode leitet mehr oder weniger gut und reguliert den vom Emitter kommenden Elektronenstrom. Die Basis-Kollektor-Diode sperrt, eigentlich könnte also gar kein Kollektorstrom fließen. Hier ist aber der geometrische Aufbau des Transistors ein wichtiger Faktor. Da die Basisschicht sehr dünn ist, gelangen die meisten der vom Emitter kommenden Ladungsträger durch die Basis in die ladungsträgerfreie Diffusionsschicht (depletion layer) der Basis-Kollektor-Diode. Dort werden sie vom Kollektor „eingesammelt". Die Spannung U_{CE} stellt somit nur eine Hilfsfunktion beim Absaugen der Elektronen dar, wenn diese aus der Basis in

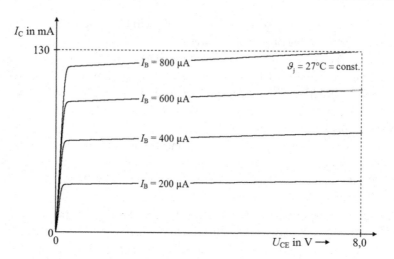

Abb. 6.17 Ausgangskennlinienfeld eines npn-Transistors in Emitterschaltung mit I_B als Parameter

den Kollektor übertreten. Die Stärke des Kollektorstromes beeinflusst U_{CE} nicht. Der Kollektorstrom ist ein von der Sperrspannung unabhängiger Sperrstrom.

In diesem Zusammenhang wird häufig von **Ladungsträgerinjektion** gesprochen. Mit diesem Begriff wird allgemein der Übergang von Ladungsträgern von einem n-dotierten in ein p-dotiertes Gebiet (oder umgekehrt) aufgrund einer von außen angelegten Spannung bezeichnet.

Die Stromverstärkung B bzw. β soll möglichst groß sein, der Kollektorstrom soll ja durch einen möglichst kleinen Basisstrom gesteuert werden können. Das bedeutet, dass möglichst wenig vom gesamten Emitterstrom I_E für den Basisstrom I_B (oder andere Verluste) anfallen soll. Dies kann durch verschiedene Maßnahmen optimiert werden:

- Der Strom über die Basis-Emitter-Diode setzt sich aus Elektronen und Löchern zusammen. Es können aber nur die Majoritätsladungsträger des Emitters (Elektronen bei npn-, Löcher bei pnp-Transistoren) zum Kollektor diffundieren. Die Ladungsträgerinjektion vom Emitter muss daher die der Basis weit überwiegen. Deshalb wird der *Emitter erheblich höher dotiert als die Basis.*
- Die Ladungsträger sollen in der Basis möglichst wenige Partner zur Rekombination finden. Deshalb wird die *Basisschicht niedrig dotiert.*
- Die Ladungsträger sollen möglichst vollständig zum Kollektor gelangen. Dies erreicht man durch eine *sehr dünne Basisschicht.*
- Im Kollektorgebiet soll nichts verloren gehen. Dies erreicht man durch einen geometrischen Aufbau mit *großer Kollektorfläche.* Die Basis-Kollektor-Fläche wird größer ausgelegt als die Basis-Emitter-Fläche, damit möglichst viele Elektronen den Kollektor erreichen.

Die so genannte *Planartechnik* ist in der Mikroelektronik ein Verfahren zur Herstellung von Halbleiterbauelementen und integrierten Schaltungen. Alle Transistoren werden heute in Planartechnik hergestellt. Dabei wird eine große Siliziumscheibe (Wafer) mit einem Durchmesser bis zu 30 cm auf einer Seite bearbeitet. Mit Hilfe von Verfahren der Photolithographie werden in mehrstufigen Prozessen zweidimensionale (planare, zur Oberfläche parallele) Strukturen realisiert. Verschiedene Dotierungssubstanzen werden in mehreren Schritten aufgedampft und eindiffundiert oder durch *Ionenimplantation* (Beschuss des Substratmaterials mit beschleunigten Dotierstoffatomen hoher Energie) in das Grundmaterial eingebracht. Abschließend wird die Oberfläche durch Oxidation zu SiO_2 passiviert. Im letzten Prozessschritt werden Metallkontakte und -verbindungen aufgedampft. Auf diese Weise werden sehr viele gleichartige Einzelbauteile *(Chips)* gleichzeitig und dadurch sehr kostengünstig hergestellt. Am Ende des Fertigungsprozesses wird die große Scheibe in Einzelchips zerteilt. Diese werden dann einzeln getestet und konfektioniert. Den schematischen Aufbau eines npn-Bipolartransistors in Planartechnik zeigt Abb. 6.18.

Der Arbeitspunkt eines Transistors bei der Anwendung als Verstärker von kleinen Signalen liegt im Bereich des flachen Verlaufs der Ausgangskennlinien. Dieser Bereich wird als *linearer* oder als *aktiver* Bereich bezeichnet. Den Einsatz als Verstärker, bei dem die Basis-Emitter-Diode in Flussrichtung und die Kollektor-Basis-Diode in Sperrrichtung betrieben wird und in dem $U_{CE} \geq U_{BE}$ ist, nennt man *Normalbetrieb* (forward region). Der Basiswechselstrom wird um den *Kleinsignalstromverstärkungsfaktor β* verstärkt am Kollektor wiedergegeben. Nach Gl. (6.26) gilt:

$$\underline{\Delta I_C = \beta \cdot \Delta I_B} \tag{6.32}$$

Der leichte Anstieg der Ausgangskennlinien im aktiven Bereich ist auf den *Early-Effekt* zurückzuführen. Wächst U_{CE} und damit U_{CB}, so verschiebt sich die Kollektor-Basis-Grenzschicht weiter in die Basis, die Basis wird „dünner" und damit I_C größer. Werden die leicht ansteigenden Ausgangskennlinien nach links verlängert, so schneiden alle die Spannungsachse U_{CE} annähernd in einem Punkt, der *Early-Spannung U_A*. Diese liegt bei npn-Transistoren im Bereich -30 V bis -150 V, bei pnp-Transistoren im Bereich -30 V bis -75 V. Der Early-Effekt wird hier nicht näher betrachtet.

6.11.3.2 Sättigungsbereich (Übersteuerungsbereich)

Je größer der Basisstrom I_B wird, desto besser leitet ein Transistor, man sagt, desto mehr steuert er durch. Die Spannung U_{CE} wird dabei immer kleiner. In der Nähe der

Abb. 6.18 Schematischer Querschnitt durch einen npn-Planartransistor, n$^+$ bedeutet stark dotiert

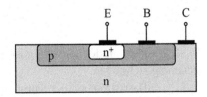

I_C-Achse wird U_{CE} so klein, dass nicht nur die Basis-Emitter-Diode sondern auch die Basis-Kollektor-Diode leitet. Der Grund ist, dass $U_{CE} \leq U_{BE}$ und somit $U_{CB} \leq 0$ wird. Die Basis-Kollektor-Diode lässt dann den Elektronenstrom wieder in die Basis zurückfließen. Der Spannungswert $U_{CB} = 0$ bildet die Grenze zwischen aktivem Bereich und *Sättigungsbereich* (auch als *Übersteuerungsbereich* bezeichnet), der links von dieser Grenzlinie im Bereich $0 < U_{CE} \leq U_{CE,sat}$ liegt.

Im Sättigungsbereich ist die Kollektorspannung nicht groß genug, um die in die Basis-Kollektor-Grenzschicht diffundierenden Ladungsträger abzusaugen. Bei Germanium- und Silizium-Kleinsignaltransistoren hat $U_{CE,sat}$ einen Wert von ca. 0,2 V. Bei Leistungstransistoren kann $U_{CE,sat}$ ca. 1 V bis 2 V betragen.

Man beachte in diesem Zusammenhang die unterschiedliche Verwendung des Begriffes „Sättigung". Unter einem gesättigten Wert wird in der Elektronik üblicherweise ein fast konstanter (gleichbleibender, eben gesättigter) Wert verstanden. Mit dem Begriff Sättigungsbereich ist hier jedoch eine Sättigung mit Ladungsträgern gemeint, die nicht abgesaugt werden können.

Liegt ein Arbeitspunkt *auf* der Sättigungsgrenzlinie $U_{CB} = 0$, so leitet der Transistor. Beim Betrieb als Schalter entspricht dies dem Zustand „Ein" des Schalters.

Ein auf der Grenzlinie $U_{CB} = 0$ liegender Arbeitspunkt kann durch weiteres Erhöhen von I_B auf eine Kennlinie mit größerem I_B in den Übersteuerungsbereich hinein verschoben werden. Der Transistor leitet jetzt noch besser, er ist *übersteuert*. Die Kollektor-Emitter-Strecke erreicht ihren kleinsten Widerstandswert und die Kollektor-Emitter-Spannung U_{CE} nimmt ihren kleinstmöglichen Wert $U_{CE,sat}$ an. $U_{CE,sat}$ wird meist nur *Sättigungsspannung*, aber auch *Kollektor-Emitter-Sättigungsspannung, Kollektorrestspannung* oder *Kniespannung* genannt und ist eine charakteristische Größe eines Transistors. An der Grenze zu $U_{CE,sat}$ knicken die Kennlinien aus dem fast horizontalen Verlauf scharf nach unten ab und verlaufen näherungsweise durch den Ursprung des Kennlinienfeldes.

In einem übersteuert arbeitenden Transistor entsteht durch den geringsten Spannungsabfall beim Zustand „Ein" eine kleinere Verlustleistung $P_V = U_{CE,sat} \cdot I_C$ als in einem Arbeitspunkt auf der Grenzlinie $U_{CB} = 0$. Beim Betrieb als Schalter wird deshalb der Arbeitspunkt für den Zustand „Ein" fast immer in den Übersteuerungsbereich gelegt.

Der *Übersteuerungsfaktor* oder *Übersteuerungsgrad* ü (in der Praxis im Bereich zwischen 2 und 5 bis 10) ist definiert als „das Verhältnis der Basisströme bei maximaler Übersteuerung und an der Sättigungsgrenze". Er ist ein Maß für die Stärke der Übersteuerung.

$$\ddot{u} = \frac{I_{B,\ddot{u}}}{I_{B,sat}} \tag{6.33}$$

$I_{B,\ddot{u}}$ = Basisstrom, der notwendig ist, um den Transistor in die maximal mögliche Übersteuerung zu bringen

$I_{B,sat}$ = Basisstrom auf der Sättigungsgrenzlinie bei $U_{CB} = 0$.

6.11.3.3 Sperrbereich

Im gesperrten Zustand des Transistors sind beide Dioden in Sperrrichtung gepolt, sowohl die Basis-Emitter-Diode als auch die Basis-Kollektor-Diode. Die Kollektor-Emitter-Strecke ist hochohmig, beim Betrieb als Schalter entspricht dies dem Zustand „Aus". Die Spannung U_{CE} ist groß, der Basisstrom I_B und der Kollektorstrom I_C (und damit der Emitterstrom I_E) sind sehr klein. Für viele Anwendungen kann für den Sperrbereich $I_C = I_E = I_B = 0$ angenommen werden.

Ein beim Betrieb in Sperrrichtung fließender Sperrstrom wird als *Reststrom (cut-off current)* bezeichnet. Restströme müssen besonders beim Betrieb des Transistors als Schalter berücksichtigt werden, da sie die Schaltereigenschaften ungünstig beeinflussen können. Alle *Restströme sind stark temperaturabhängig* und nehmen mit steigender Temperatur *zu*.

In Abb. 6.19 sind die drei Arbeitsbereiche Sättigungsbereich, aktiver Bereich und Sperrbereich im Ausgangskennlinienfeld eines npn-Transistors dargestellt. Ebenfalls eingetragen sind Grenzwerte, die im Betrieb nicht überschritten werden dürfen. Solche Grenzwerte sind der maximal erlaubte Kollektorstrom I_{Cmax} und die maximal erlaubte Kollektor-Emitter-Spannung U_{CEmax}. Auch die *Verlustleistungshyperbel* (oft nur *Leistungshyperbel* genannt) ist eingetragen. **Ein Arbeitspunkt darf nicht oberhalb der Verlustleistungshyperbel liegen, sonst ist der Transistor überlastet.** Dies gilt besonders beim Betrieb als *Verstärker*. Wird beim Betrieb als *Schalter* bei mehrfachem Umschalten zwischen „Aus" und „Ein" die Verlustleistungshyperbel vom Arbeitspunkt durchsprungen, so sind besondere Untersuchungen nötig, z. B. die Messung der Gehäusetemperatur. Mit einer Lastminderungskurve kann dann überprüft werden, ob die thermische Belastung in einem erlaubten Bereich liegt.

Im Transistor entsteht die Verlustleistung:

$$P_V = I_C \cdot U_{CE} \tag{6.34}$$

Die maximal erlaubte Verlustleistung P_V steht immer im Datenblatt eines Transistors. Die *Gleichung für die Verlustleistungshyperbel* ist:

$$I_C = \frac{P_V}{U_{CE}} \tag{6.35}$$

Ist P_V gegeben, so kann die Verlustleistungshyperbel im Ausgangskennlinienfeld konstruiert werden. Man braucht nur für einige Werte von U_{CE} mit Gl. (6.35) die zugehörigen I_C-Werte berechnen und diese näherungsweise durch Geradenstücke verbinden.

6.11.3.4 Differenzieller Ausgangswiderstand

Der *differenzielle* (oder *dynamische*) *Ausgangswiderstand* r_{CE} des Transistors in einem gegebenen Arbeitspunkt (also bei einem bestimmten Basisruhestrom) kann dem Ausgangskennlinienfeld entnommen werden. Er wird auch als *Kleinsignalausgangswiderstand* oder

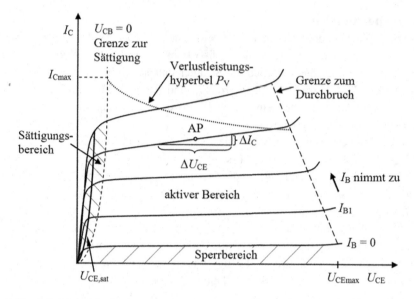

Abb. 6.19 Arbeitsbereiche im Ausgangskennlinienfeld eines npn-Transistors

Wechselstromausgangswiderstand bezeichnet. Er lässt sich aus der Steigung der Ausgangs-kennlinie in einem Arbeitspunkt bestimmen (Abb. 6.19).

$$r_{CE} = \left.\frac{\Delta U_{CE}}{\Delta I_C}\right|_{I_B=\text{const.}} = \left.\frac{\partial U_{CE}}{\partial I_C}\right|_{I_B=\text{const.}} \tag{6.36}$$

Mit der Early-Spannung U_A besteht der Zusammenhang:

$$r_{CE} \approx \frac{U_A}{I_{C,AP}} \tag{6.37}$$

r_{CE} ist definiert bei wechselspannungsmäßig offenem Eingang, also bei Leerlauf am Ein-gang bezüglich einer Signalspannung.

Typische differenzielle Ausgangswiderstände liegen in der Größenordnung von 1 kΩ bis 100 kΩ.

6.11.3.5 Bestimmung von B und β aus dem Ausgangskennlinienfeld

Sowohl die Gleichstromverstärkung B als auch die Wechselstromverstärkung $β$ können für einen gegebenen Arbeitspunkt aus dem Ausgangskennlinienfeld entnommen werden.

Abb. 6.20 Bestimmung von β in einem Arbeitspunkt im Ausgangskennlinienfeld

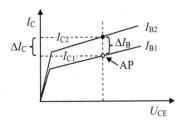

Bestimmung von B

Der Arbeitspunkt liegt auf einer Ausgangskennlinie mit einem bestimmten I_B-Wert als Parameter. Vom Arbeitspunkt aus geht man waagrecht nach links bis zur Ordinate und liest den zugehörigen I_C-Wert ab. Es ist dann:

$$B = \frac{I_C}{I_B} \tag{6.38}$$

Bestimmung von β

Der Arbeitspunkt liegt auf einer Ausgangskennlinie mit einem I_{C1}-Wert des Kollektorstromes und einem I_{B1}-Wert als Parameter. Man bleibt auf einer Senkrechten im Arbeitspunkt und geht bis zu einer zweiten Ausgangskennlinie mit einem I_{C2}-Wert des Kollektorstromes und einem I_{B2}-Wert als Parameter. **Die Werte ΔI_C und ΔI_B hat man sich somit im Arbeitspunkt selbst geschaffen** (Abb. 6.20). Es ist jetzt:

$$\beta = \frac{\Delta I_C}{\Delta I_B} = \frac{I_{C2} - I_{C1}}{I_{B2} - I_{B1}} \tag{6.39}$$

6.12   Kennlinien und Arbeitsbereiche des JFET

6.12.1 Eingangskennlinie

Beim JFET wird der Eingangsstrom durch den sehr kleinen Sperrstrom im Bereich von einigen nA des pn-Übergangs gebildet. Beim MOSFET ist der Eingangsstrom ein Isolationsstrom, er ist noch kleiner und liegt im fA-Bereich. Deshalb: Bei Feldeffekttransistoren **gibt es keine Eingangskennlinie $I_G(U_{GS})$**, sowohl beim JFET als auch beim MOSFET ist sie **nicht sinnvoll!**

6.12.1.1 Übertragungskennlinie und Ausgangskennlinienfeld

Die charakteristischen Kennlinien des JFETs sind die **Übertragungskennlinie $I_D(U_{GS})$** und das **Ausgangskennlinienfeld $I_D(U_{DS})$** (Abb. 6.21).

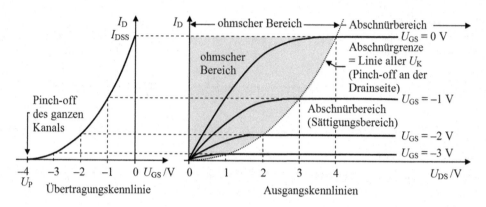

Abb. 6.21 n-Kanal JFET, Beispiel für den Verlauf der Übertragungskennlinie und des Ausgangskennlinienfeldes

Die Übertragungskennlinie (Steuerkennlinie) des JFETs gibt die Abhängigkeit des
Drainstromes I_D von der Gate-Source-Spannung U_{GS} bei konstanter Drain-Source-
Spannung U_{DS} an (Abb. 6.21 links). Wichtige Punkte der Übertragungskennlinie sind
die *Abschnürspannung U_P*, bei der I_D null wird, und der *Drain-Sättigungsstrom I_{DSS}* bei
$U_{GS} = 0$ V.

Die Abschnürspannung U_P ist somit eine **charakteristische Größe** der Steuerkennlinie. Wird U_P unterschritten, so sinkt der Drainstrom auf einen sehr kleinen Wert im nA-
Bereich.

Oberhalb von U_P steigt der Drainstrom angenähert quadratisch mit U_{GS} an. Es
ergibt sich der Zusammenhang zwischen Drainstrom I_D und Steuerspannung U_{GS} nach
Gl. (6.40).

$$I_D(U_{GS}) = I_{DSS} \cdot \left(1 - \frac{U_{GS}}{U_P}\right)^2 \text{ für } U_{GS} > U_P \tag{6.40}$$

I_{DSS} = Drainstrom für $U_{GS} = 0$ V (Gate-Source-Strecke kurzgeschlossen).

Die Steigung der Übertragungskennlinie wird als **Steilheit S** (*Übertragungssteilheit,
transconductance*) bezeichnet. Statt S wird auch g_{21} oder g_m verwendet. Diese Größe
ist wichtig für die Anwendung des FETs als analoger Verstärker. Die Steilheit wird in
mA/V angegeben, sie liegt im Bereich von 1 bis 10 mA/V. Sie hängt vom Arbeitspunkt
auf der Übertragungskennlinie mit zugehöriger Spannung U_{GS} und zugehörigem Strom
I_D ab, ist also je nach Arbeitspunkt verschieden groß. Der Zahlenwert von S kann für
einen Arbeitspunkt mit einem Steigungsdreieck näherungsweise grafisch aus der Übertragungskennlinie entnommen werden.

$$S = \left.\frac{\Delta I_D}{\Delta U_{GS}}\right|_{U_{DS}= \text{const.}} = \left.\frac{dI_D}{dU_{GS}}\right|_{U_{DS}= \text{const.}} \tag{6.41}$$

Wird Gl. (6.40) in Gl. (6.41) eingesetzt und nach U_{GS} differenziert, so ergibt sich als andere Darstellung für S:

$$S = \frac{2 \cdot I_{DSS}}{U_P^2} \cdot (U_{GS} - U_P) = \frac{2 \cdot I_{DSS}}{U_P} \cdot \left(\frac{U_{GS}}{U_P} - 1 \right) \qquad (6.42)$$

Umformung:

$$S = \frac{-2 \cdot I_{DSS}}{U_P} \cdot \left(1 - \frac{U_{GS}}{U_P} \right) = \frac{-2 \cdot \sqrt{I_{DSS}}}{U_P} \cdot \left[\sqrt{I_{DSS}} \cdot \left(1 - \frac{U_{GS}}{U_P} \right) \right] \qquad (6.43)$$

Die eckige Klammer in Gl. (6.43) entspricht $\sqrt{I_D(U_{GS})}$ aus Gl. (6.40). Wir erhalten:

$$S = \frac{-2 \cdot \sqrt{I_D \cdot I_{DSS}}}{U_P} = \frac{2 \cdot \sqrt{I_D \cdot I_{DSS}}}{|U_P|} \qquad (6.44)$$

Die maximale Steilheit S_{max} ergibt sich bei der Steuerspannung $U_{GS} = 0\,\text{V}$ mit $I_D = I_{DSS}$ zu:

$$S_{max} = \frac{-2 \cdot I_{DSS}}{U_P} = \frac{2 \cdot I_{DSS}}{|U_P|} \qquad (6.45)$$

Die Steilheit der Übertragungskennlinie wird mit zunehmender Temperatur kleiner. Es gibt einen Arbeitspunkt, den Kompensationspunkt K, in dem der Drainstrom I_D von der Temperatur *unabhängig* ist. In der Praxis liegt der Arbeitspunkt meist so, dass man man *bei steigender Temperatur ein Absinken des Stromes I_D* erhält. Eine thermische Instabilität (ein „Davonlaufen" des Arbeitspunktes mit steigender Temperatur wie beim Bipolartransistor) ist deshalb *nicht* zu befürchten.

6.12.2 Ausgangskennlinien

Die Ausgangskennlinien geben die Abhängigkeit des Drainstromes I_D von der Drain-Source-Spannung U_{DS} mit der Gate-Source-Spannung U_{GS} als Parameter an (Abb. 6.21).

In der Umgebung des Koordinatenursprungs (bei kleinen Werten von U_{DS}) steigt der Drainstrom I_D zunächst proportional (linear) zu U_{DS} an. In diesem **ohmschen Bereich** verhält sich der JFET wie ein ohmscher Widerstand, dessen Widerstandswert mit der Gate-Spannung U_{GS} gesteuert werden kann. Im ohmschen Bereich kann der JFET als elektronisch veränderbarer Widerstand betrachtet werden.

Vergleicht man das Ausgangskennlinienfeld des bipolaren Transistors in Abb. 6.19 mit dem Ausgangskennlinienfeld des JFETs in Abb. 6.21 rechts, so erkennt man, dass beim JFET die Steigungen der Ausgangskennlinien im ohmschen

Bereich von den steuernden Gate-Spannungen U_{GS} abhängen. Die Kennlinien verlaufen wie ein Geradenbüschel. Beim bipolaren Transistor liegen die Ausgangskennlinien im Sättigungsbereich alle übereinander und sind vom steuernden Basisstrom fast unabhängig.

Im ohmschen Bereich gilt für den Drainstrom I_D:

$$I_D = \frac{I_{DSS}}{U_P^2} \cdot \left[2 \cdot U_{DS} \cdot (U_{GS} - U_P) - U_{DS}^2 \right] \tag{6.46}$$

An der **Abschnürgrenze** endet der ohmsche Bereich, die Kennlinien gehen in einen sehr flachen Bereich mit geringer Steigung, den **Abschnürbereich** oder **Sättigungsbereich** über. Die Grenze zwischen dem ohmschen Bereich und dem Sättigungsbereich bildet die Linie der **Kniespannung** U_K, die auch *Drain-Source-Sättigungsspannung* $U_{DS,sat}$ genannt wird. Die Punkte aller Kniespannungen ergeben die Abschnürgrenze.

Für die Kniespannung U_K gilt:

$$U_K = U_{GS} - U_P \text{ (U_{GS} und U_P negativ einsetzen)} \tag{6.47}$$

Im Abschnürbereich oder Sättigungsbereich oberhalb der Abschnürgrenze ist der Drainstrom unabhängig von U_{DS} und bleibt weitgehend konstant. Der Abschnürbereich ist der am meisten genutzte Arbeitsbereich des FETs. Da dieser Bereich oft für Verstärkungsanwendungen benutzt wird, wird er auch *aktiver Bereich* genannt. Durch eine Gate-Source-Spannung U_{GS} wird in diesem Bereich der Drainstrom I_D entsprechend Gl. (6.40) gesteuert. Der JFET arbeitet in diesem Bereich als *spannungsgesteuerte Stromquelle*. – Man beachte die grundlegend verschiedene Definition des Wortes „Sättigungsbereich" beim bipolaren Transistor und beim FET. Im Sättigungsbereich des bipolaren Transistors tritt eine Sättigung von Ladungsträgern auf, da die Kollektor-Emitter-Spannung nicht groß genug ist, um die in die Kollektor-Basis-Grenzschicht diffundierenden Ladungsträger abzusaugen. Beim FET nimmt im Sättigungsbereich der Drainstrom einen fast konstanten, gesättigten Wert an.

Präziser als mit Gl. (6.40) wird I_D unter Berücksichtigung des leichten Anstiegs der Ausgangskennlinien im Sättigungsbereich angegeben.

$$I_D = I_{DSS} \cdot \left(1 - \frac{U_{GS}}{U_P} \right)^2 \cdot \left(1 + \frac{U_{DS}}{U_A} \right) \tag{6.48}$$

$U_A = $ Early-Spannung

Wie beim BJT definiert man einen *differenziellen Ausgangswiderstand* (Kanalwiderstand, dynamischer Drain-Source-Widerstand) r_{DS}. Im *Abschnürbereich* ist dieser:

$$r_{DS} = \left. \frac{\Delta U_{DS}}{\Delta I_D} \right|_{U_{GS} = \text{const.}} \tag{6.49}$$

Richtwert: $r_{DS} = 100\,k\Omega \dots 10\,M\Omega$.

Im *ohmschen* Bereich entspricht dieser differentielle Drain-Source-Widerstand dem Kehrwert der Steilheit S im jeweiligen Arbeitspunkt:

$$r_{DS} = \frac{\Delta U_{GS}}{\Delta I_D} = \frac{1}{S} \tag{6.50}$$

Je nach Größe von U_{GS} liegt r_{DS} zwischen ca. 5 kΩ bis >200 kΩ.

6.13 Kennlinien und Arbeitsbereiche des MOSFET

6.13.1 Eingangskennlinie

So wie beim JFET gibt es auch beim MOSFET keine Eingangskennlinie $I_G(U_{GS})$. Da das Gate beim MOSFET isoliert ist, kann kein Strom in den Gateanschluss fließen. Der Eingangsstrom ist ein Isolationsstrom, er liegt im Bereich von wenigen fA (10^{-15} A).

6.13.2 Ausgangskennlinien

Die charakteristischen Kennlinien sind auch beim MOSFET (wie beim JFET) die **Übertragungskennlinie** $I_D(U_{GS})$ und das **Ausgangskennlinienfeld** $I_D(U_{DS})$.

Die Ausgangskennlinien geben die Abhängigkeit des Drainstromes I_D von der Drain-Source-Spannung U_{DS} mit der Gate-Source-Spannung U_{GS} als Parameter an (Abb. 6.22). Wir beginnen hier mit den Ausgangskennlinien, weil sich aus deren Beschreibung durch Gleichungen bestimmte Größen in der Übertragungskennlinie herleiten.

Der Verlauf der Ausgangskennlinien ist im ohmschen Bereich und im Abschnürbereich ähnlich wie beim JFET. Die Abschnürgrenze ist:

$$U_K(U_{GS}) = U_{GS} - U_{th} \tag{6.51}$$

Für den ohmschen Bereich und den Abschnürbereich werden für den Verlauf des Kanalstromes I_D der Ausgangskennlinien einfache Modellgleichungen ohne Herleitung angegeben.

Ohmscher Bereich

Bedingung: $U_{GS} > U_{th}$ und $0 < U_{DS} < U_{GS} - U_{th}$

$$I_D(U_{GS}, U_{DS}) = K \cdot \left[(U_{GS} - U_{th}) \cdot U_{DS} - \frac{1}{2} \cdot U_{DS}^2 \right] \tag{6.52}$$

Der Faktor K ist in Gl. (6.52) der *Steilheitsparameter* oder *Steilheitskoeffizient* mit der Einheit:

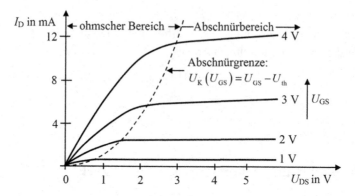

Abb. 6.22 Beispiel für ein Ausgangskennlinienfeld eines n-Kanal MOSFETs, Anreicherungstyp

$$[K] = \frac{A}{V^2} = \frac{S}{V} \qquad (6.53)$$

Beispiel: $K = 50\frac{mA}{V^2}$.

Der Steilheitskoeffizient K ist beim MOSFET ein Kennlinienparameter, der von Länge und Breite des Kanals, der Dielektrizitätszahl, der Dicke der Gate-Oxidschicht und der Elektronenbeweglichkeit im Kanal abhängt.

Abschnürbereich

Bedingung: $U_{GS} > U_{th}$ und $U_{DS} \geq U_{GS} - U_{th}$.

Im Abschnürbereich ist I_D im Wesentlichen nur von U_{GS} abhängig.

$$\underline{\underline{I_D(U_{GS}) = \frac{K}{2} \cdot (U_{GS} - U_{th})^2}} \qquad (6.54)$$

Der leichte Anstieg der Ausgangskennlinien beruht auf einem Effekt ähnlich dem Early-Effekt bei Bipolartransistoren. Wird eine (hier nicht weiter erläuterte) Kanallängen-Modulation berücksichtigt, so ergibt sich mit der Early-Spannung U_A:

$$\underline{\underline{I_D(U_{GS}, U_{DS}) = \frac{K}{2} \cdot (U_{GS} - U_{th})^2 \cdot \left(1 + \frac{U_{DS}}{U_A}\right)}} \qquad (6.55)$$

$U_A =$ Early-Spannung

Der dynamische Kleinsignalausgangswiderstand r_{DS} ist im Abschnürbereich:

$$\underline{\underline{r_{DS} = \frac{\Delta U_{DS,AP}}{\Delta I_{D,AP}} = \frac{U_A}{I_{D,AP}}}} \qquad (6.56)$$

Ist in einem Datenblatt statt dem Steilheitskoeffizienten K die Übertragungssteilheit S (Steilheit, siehe nächster Abschnitt) für einen bestimmten Drainstrom angegeben, so kann K aus S ermittelt werden.

$$K \approx \frac{S^2}{2 \cdot I_{D,AP}} \qquad (6.57)$$

6.13.3 Übertragungskennlinie

Die Übertragungskennlinie (Steuerkennlinie) des MOSFETs gibt die Abhängigkeit des Drainstromes I_D von der Gate-Source-Spannung U_{GS} bei konstanter Drain-Source-Spannung U_{DS} an (Abb. 6.23).

Ein wichtiger Punkt der Übertragungskennlinie ist die *Schwellwertspannung (Schwellenspannung, Einsatzspannung)* U_{th}, ab der bei $U_{DS} > 0$ V ein Strom von Drain nach Source zu fließen beginnt.

Wird ein Arbeitspunkt AP auf der Übertragungskennlinie betrachtet, so ist die Steigung der Tangente in diesem Arbeitspunkt *im ohmschen Bereich:*

$$S = \left.\frac{\partial I_D}{\partial U_{GS}}\right|_{U_{DS}=\text{const.}} = K \cdot U_{DS,AP} \qquad (6.58)$$

Im Sättigungsbereich (Abschnürbereich) ergibt sich die Tangentensteigung im Arbeitspunkt durch Differenzieren von Gl. (6.54) nach U_{GS}:

$$S = \left.\frac{\partial I_D}{\partial U_{GS}}\right|_{U_{DS}=\text{const.}} = K \cdot (U_{GS} - U_{th}) \qquad (6.59)$$

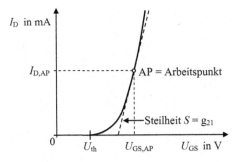

Abb. 6.23 Übertragungskennlinie $I_D = f(U_{GS})$ für U_{DS}=const. eines n-Kanal MOSFETs, Anreicherungstyp

Formal stellt S einen differenziellen Leitwert dar und wird *Übertragungssteilheit* oder *Steilheit* genannt. Eine andere Bezeichnung für S ist g_{21} oder g_m.

S gibt die Empfindlichkeit des Drainstromes I_D auf eine Änderung der Eingangsspannung U_{GS} in einem Arbeitspunkt an. Die Einheit der Übertragungssteilheit ist:

$$[g_{21}] = \frac{mA}{V} \tag{6.60}$$

Wird Gl. (6.54) nach $(U_{GS} - U_{th})$ aufgelöst und in Gl. (6.59) eingesetzt, so erhält man die Übertragungssteilheit S in einem bestimmten Arbeitspunkt als Funktion des Drainstromes $I_{D,AP}$ im Sättigungsbereich:

$$S = \left. \frac{\partial I_D}{\partial U_{GS}} \right|_{U_{DS} = \text{const.}} = \sqrt{2 \cdot K \cdot I_{D,AP}} \tag{6.61}$$

Operationsverstärker (OPV)

7.1 Begriffe, Anwendungsbereiche

OPV (operational amplifier) sind *analoge, aktive* BE. Sie werden als *integrierte Schaltung (IC = Integrated Circuit)* in Form eines Bauteils mit mehreren Anschlüssen im Handel angeboten.

OPV können als Bauelement für die verschiedensten *Verstärkeraufgaben* zur Spannungs- oder Leistungsverstärkung eingesetzt werden. Wie der Name sagt, wurden OPV ursprünglich zur Ausführung mathematischer Operationen in Analogrechnern angewandt. Daher kommt auch die ebenfalls gebräuchliche Bezeichnung „Rechenverstärker". Üblich ist die Abkürzung „OP" oder „OPV". Der Anwendungsbereich umfasst die *Mess-* und *Regelungstechnik, NF-Technik, Signalformung* und *Signaländerung* sowie die Realisierung von Sinus- und Impuls*generatoren.*

Beim OPV sind diejenigen Teile, welche die eigentliche Verstärkung bewirken, in einem integrierten Schaltkreis zusammengefasst. Die besonderen Eigenschaften der Schaltung bzw. die Wirkungsweise des Verstärkers werden für den jeweiligen Verwendungszweck durch eine äußere Beschaltung des OPV erreicht. Der OPV ist somit ein *universelles Verstärkungselement,* dessen speziell gewünschte **Übertragungseigenschaften** durch eine **geeignete äußere Beschaltung,** vor allem durch die *Rückkopplung* **(Gegenkopplung),** erzielt werden.

Ein OPV ist ein *Differenzverstärker für Gleich- und Wechselspannungssignale* mit *sehr* hoher Leerlaufspanungsverstärkung, *zwei hochohmigen Eingängen und einem niederohmigen Ausgang.* Neben den Anschlüssen (Pins) für Masse, positive oder evtl. gleichzeitig benötigte negative Betriebsspannung sind evtl. noch Pins für den Abgleich der Offsetspannung oder zur Korrektur des Phasenfrequenzganges *(Phasenkompensation, Frequenzkompensation)* vorhanden. Ein IC-Gehäuse kann mehrere OPV (z. B. vier) enthalten.

© Springer Fachmedien Wiesbaden GmbH, ein Teil von Springer Nature 2021
L. Stiny, *Schnelleinführung Elektronik,* https://doi.org/10.1007/978-3-658-33462-8_7

7.2 Interner Aufbau von Operationsverstärkern

Ein OPV ist ein mehrstufiger Verstärker, das Blockschaltbild zeigt Abb. 7.1. Damit ein OPV auch für Gleichspannungen geeignet ist und um die Strom- und Spannungsdrift möglichst klein zu halten, ist die Eingangsstufe als *Differenzverstärker* (verstärkt die *Differenz* von zwei Eingangssignalen) mit einem *invertierenden* und einem *nichtinvertierenden Eingang* ausgelegt. Ein Signal am *nicht*invertierenden Eingang erscheint am Ausgang in der gleichen Phasenlage wie am Eingang, es ist nicht invertiert. Wird an den invertierenden Eingang ein Signal angelegt, so ist das Ausgangssignal invertiert, es ist gegenüber dem Eingangssignal um 180° phasenverschoben.

Je nach Typ des OPV kann die Eingangsstufe bipolare Transistoren oder zur Erhöhung des Eingangswiderstandes JFET- oder MOSFET-Transistoren enthalten.

Der Eingangsstufe folgt eine Stufe zur Spannungsverstärkung, welche für eine hohe Leerlaufspannungsverstärkung V_0 sorgt. Die erforderliche Ausgangsleistung liefert die darauffolgende *Leistungsendstufe*. Diese kann als *Eintakt-* oder *Gegentaktendstufe* ausgelegt sein. Ist der Ausgang mit einer Gegentaktendstufe versehen, so wird der OPV mit zwei symmetrischen Betriebsspannungen $+U_B$ und $-U_B$ betrieben. Der Vorteil einer Gegentaktendstufe liegt darin, dass der Ausgang exakt *null Volt* erreichen und auch *negativ* werden kann.

Die Speisespannung eines OPV sollte gut stabilisiert sein. Die Betriebsspannung kann z. B. je nach Typ bei bipolarer Versorgung im Bereich $U_B = \pm 2,2$ V bis $U_B = \pm 15$ V liegen.

Bei einer Eintaktendstufe (A-Betrieb) genügt eine Betriebsspannung $+U_B$. Wegen der Kollektor-Emitter-Sättigungsspannung $U_{CE,sat}$ eines Transistors kann der Ausgang allerdings nicht 0,0 V annehmen und natürlich auch nicht negativ werden.

Ist die Eintaktendstufe als Ausführung mit „offenem Kollektor" (Open-Collector-/ Open- Drain-Ausgang) realisiert, so ist ein externer Arbeitswiderstand *(Pull-up-Widerstand)* erforderlich.

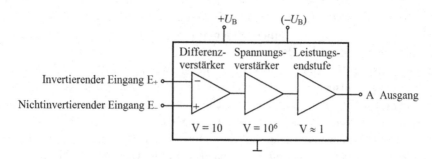

Abb. 7.1 Blockschaltbild des internen Aufbaus eines Operationsverstärkers (Werte für die Verstärkung sind Zahlenbeispiele)

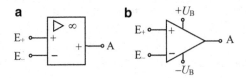

Abb. 7.2 Schaltzeichen für einen Operationsverstärker nach DIN 40900 Teil 13, wenig gebräuchlich (**a**), veraltetes, jedoch sehr gebräuchliches Symbol (**b**)

Abb. 7.3 Spannungen und Ströme bei einem Operationsverstärker (ohne Spannungsversorgung)

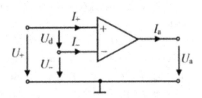

Abb. 7.4 Ausführungen von Operationsverstärkern, in SMD-Technik (**a**), mit Durchsteck-Lötkontakten (**b**)

Das Schaltzeichen des OPV (Abb. 7.2) in einem Schaltplan enthält meist nur die beiden Eingänge und den Ausgang, die Anschlüsse für die Spannungsversorgung werden nicht an jedem Symbol der OPV gezeichnet.

Den OPV mit seinen Spannungen und Strömen zeigt Abb. 7.3.

Zwei Beispiele für die Ausführungen von OPV sind in Abb. 7.4 dargestellt.

Von den vier verschiedenen Typen von OPV wird hier nur der „normale" OPV als Verstärker für Signalspanungen betrachtet. Transkonduktanz-, Transimpedanz- und Strom-Verstärker werden nicht behandelt.

7.3 Eigenschaften des Operationsverstärkers

7.3.1 Leerlaufspannungsverstärkung

Der Begriff *Leerlauf*spannungsverstärkung bedeutet *nicht,* dass am Ausgang des OPV keine Last angeschlossen ist (im Sinne einer Spannungsquelle ohne angeschlossenen Verbraucher im Leerlaufbetrieb), *sondern* dass **keine externe Beschaltung als Gegenkopplung** wirkt.

Da die Eingangsstufe ein Differenzverstärker ist, wird die Spannungs*differenz*

$$U_d = U_+ - U_- \tag{7.1}$$

zwischen dem nichtinvertierenden und dem invertierenden Eingang mit dem Verstärkungsfaktor V_0 verstärkt.

Die Ausgangsspannung ist:

$$U_a = V_0 \cdot (U_+ - U_-) = V_0 \cdot U_d \tag{7.2}$$

Gl. (7.2) kann als *„Grundgleichung"* des OPV *ohne äußere Beschaltung* bezeichnet werden. Damit Gl. (7.2) gilt, darf der OPV nicht übersteuert sein, die Eingangsspannungen dürfen bestimmte Werte nicht übersteigen (siehe Abschn. 7.3.4).

Der Wert V_0 wird als **Leerlaufverstärkung** (open loop gain), *Leerlaufspannungsverstärkung, Differenzverstärkung* oder *offene Schleifenverstärkung* bezeichnet.

Beim **idealen OPV** ist die **Leerlaufverstärkung unendlich groß**:

$$V_0 = \infty \text{ für idealen OPV} \tag{7.3}$$

Die Definition der Leerlaufverstärkung beim OPV ist:

$$V_0 = \frac{U_a}{U_+ - U_-} = \frac{U_a}{U_d} = \begin{cases} \frac{U_a}{U_+} & \text{für } U_- = 0\,\text{V} \\ -\frac{U_a}{U_-} & \text{für } U_+ = 0\,\text{V} \end{cases} \tag{7.4}$$

Beim realen OPV wird V_0 vom Hersteller angegeben und liegt je nach Typ in der Größenordnung 10^4 bis 10^6. Man beachte, dass dies ein sehr großer Verstärkungsfaktor ist.

Der Wert von V_0 kann bei realen Operationsverstärkern des gleichen Typs (der gleichen Baureihe) von Exemplar zu Exemplar stark unterschiedlich, frequenz- und temperaturabhängig sein.

V_0 ist der Verstärkungsfaktor, mit dem die Differenz von zwei *Gleich*spannungen, die an den Eingängen liegen, verstärkt wird (DC-Leerlaufverstärkung).

In Datenblättern wird V_0 als logarithmischer dB-Wert (als Verstärkungs*maß*) angegeben.

$$V_{0,dB} = 20\,\text{dB} \cdot \log\,(V_0) \tag{7.5}$$

Ist V_0 in dB gegeben, so ist der **lineare Wert** als Verstärkungs*faktor*:

$$V_0 = 10^{\frac{V_{0,dB}}{20\,dB}} \tag{7.6}$$

Der nichtinvertierende und der invertierende Betrieb ergeben sich als Sonderfälle, wenn eine der Eingangsspannungen 0 V ist (der jeweilige Eingang ist gegen Masse kurzgeschlossen).

Ist $U_- = 0\,\text{V}$ (Eingang E$_-$ auf Masse), so ist:

$$U_\text{a} = V_0 \cdot U_+ \tag{7.7}$$

Ausgangsspannung und Eingangsspannung sind gleichphasig, dies ist ein nichtinvertierender Betrieb.

Ist $U_+ = 0\,\text{V}$ (Eingang E$_+$ auf Masse), so ist:

$$U_\text{a} = V_0 \cdot (-U_-) = -V_0 \cdot U_- \tag{7.8}$$

Die Ausgangsspannung ist in diesem Fall gegenüber der Eingangsspannung um 180° phasenverschoben, dies ist ein invertierender Betrieb.

7.3.2 Eingangswiderstände, Eingangsströme

Beim **idealen** OPV sind die **Eingangswiderstände unendlich groß**, die **Eingangsströme** sind daher **gleich null.**

$$R_{\text{E}+} = R_{E-} = \infty \tag{7.9}$$

$$I_+ = I_- = 0\,\text{A} \tag{7.10}$$

Beim realen OPV mit MOSFET-Eingangsstufe beträgt der Differenzeingangswiderstand zwischen den Eingängen E$_+$ und E$_-$ bis zu 1 TΩ.

7.3.3 Ausgangswiderstand

Der **Ausgangswiderstand des idealen OPV ist null Ohm.**

$$R_\text{a} = 0\,\Omega \tag{7.11}$$

Dies bedeutet, dass sich der ideale OPV am Ausgang wie eine ideale (spannungsgesteuerte) Spannungsquelle mit dem Innenwiderstand $R_\text{i} = 0\,\Omega$ verhält. Der Wert der Ausgangsspannung wird also beim *idealen* OPV von einem am Ausgang angeschlossenen Lastwiderstand nicht beeinflusst, egal welchen Wert der Lastwiderstand hat.

Der Ausgangswiderstand eines realen OPV beträgt ca. 10 bis 100 Ω.

7.3.4 Übertragungskennlinie

Aus Gl. (7.2) $U_\text{a} = V_0 \cdot U_\text{d}$ (eine Geradengleichung durch den Ursprung) mit der Konstanten V_0 geht hervor, dass die Ausgangsspannung U_a linear von der Differenzeingangsspannung U_d abhängt. Die Übertragungskennlinie der Differenzverstärkung eines

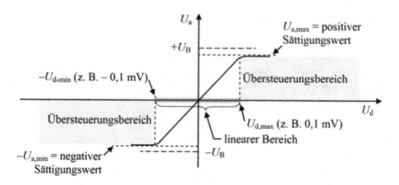

Abb. 7.5 Übertragungskennlinie $U_a = f(U_d)$ der Differenzverstärkung eines Operationsverstärkers

OPV mit bipolarer Spannungsversorgung ohne äußere Beschaltung ist in Abb. 7.5 dargestellt.

Dieser lineare Zusammenhang gilt im Bereich der **Ausgangsaussteuerbarkeit:**

$$-U_{a,min} \leq U_a \leq U_{a,max} \tag{7.12}$$

Der Bereich der Ausgangsaussteuerbarkeit liegt innerhalb des Versorgungsspannungsbereiches von $-U_B$ bis $+U_B$.

Da die Ausgangsspannung U_a nicht größer als die Betriebsspannung werden kann, bewirkt eine Vergrößerung von U_d ab einem bestimmten Wert $|U_{d,max}|$ keine Veränderung von U_a mehr. Die Ausgangsspannung bleibt dann konstant auf einem negativen oder positiven Sättigungswert von ca. 1 V unterhalb der Versorgungsspannung, der OPV ist dann *übersteuert*. Die Ausgangsspannung kann also nicht außerhalb der Grenzen der Betriebsspannung liegen, sondern nur innerhalb des Aussteuerbereiches $-U_{a,min} \leq U_a \leq U_{a,max}$. Hierin sind $U_{a,max}$ die positive und $-U_{a,min}$ die negative *Sättigungs-Ausgangsspannung* des OPV. Der Abstand der Sättigungs-Ausgangsspannung zur Versorgungsspannung $\pm U_B$ beträgt jeweils ca. 1 bis 2 V.

Für die Grenzen der linearen Aussteuerbarkeit gilt somit:

$$U_a = U_{a,max} \text{ für } U_d \geq U_{d,max} \tag{7.13}$$

$$U_a = -U_{a,min} \text{ für } U_d \leq -U_{d,min} \tag{7.14}$$

Wegen der sehr großen Leerlaufverstärkung V_0 reicht eine sehr kleine Spannungsdifferenz $U_d = U_+ - U_-$ aus, damit die Ausgangsspannung U_a den jeweiligen Sättigungswert annimmt. Mit dem unbeschalteten OPV (ohne externes Gegenkopplungsnetzwerk) kann deshalb kaum eine sinnvolle Schaltung realisiert werden, die eine lineare Aussteuerung erlaubt. Nur beim Spannungskomparator (Abschn. 7.5.1.1) wird die extrem hohe Leerlaufverstärkung V_0 verwendet. Ansonsten wird entsprechend der

Anforderung an die Schaltung die Leerlaufverstärkung durch eine externe Gegen-kopplung auf den Wert V der **Betriebsverstärkung** reduziert. Die Eingangsspannung wird dann linear um den Faktor V verstärkt, welcher durch die externe Beschaltung des OPV bestimmt wird. Die Art und die Stärke der Gegenkopplung bestimmt den Einsatz-zweck der Schaltung. Der OPV selbst hat immer die gleiche Verstärkung, die Leerlauf-verstärkung V_0.

7.3.5 Gleichtaktverstärkung, Gleichtaktunterdrückung

Ein Gegentaktsignal oder Differenzsignal liegt zwischen zwei Anschlüssen. Die Differenzeingangsspannung U_d zwischen den beiden Eingängen eines OPV ist ein Gegentaktsignal. Werden beide Eingänge an eine Spannung gegenüber Masse gelegt (Abb. 7.6), so wird diese Betriebsart als *Gleichtaktaussteuerung (Gleichtaktbetrieb)* bezeichnet. Die beiden Eingängen gemeinsame Spannung gegenüber Masse nennt man *Gleichtaktspannung U_{gl}*.

Da an den beiden Eingängen U_+ und U_- die gleiche Spannung $U_+ = U_- = U_{gl}$ anliegt, ist nach Gl. (7.1) die Differenzeingangsspannung $U_d = 0\,V$. Wird die Eingangsgleichtaktspannung U_{gl} verändert, so sollte sich die Ausgangsspannung U_a beim idealen OPV überhaupt nicht ändern, da idealerweise nur die Differenzeingangs-spannung verstärkt wird (die jetzt null ist). Beim realen OPV ist jedoch eine *Gleichtakt-verstärkung V_G* messbar.

Die Gleichtaktverstärkung (common mode gain) ist:

$$V_G = \frac{\Delta U_a}{\Delta U_{gl}} \tag{7.15}$$

Beim *realen* OPV wird beim Gleichtaktbetrieb die Ausgangsspannung *nicht* $U_a = V_0 \cdot U_d = 0\,V$, sondern nimmt durch die unerwünschte Gleichtaktverstärkung, welche durch Unsymmetrien in der Eingangsstufe unvermeidbar ist, einen Wert $U_a \neq 0\,V$ an. Der Gleichtaktbetrieb ist kein normaler Betriebsfall eines OPV, sondern dient nur zur Messung der Gleichtaktverstärkung bzw. der Gleichtaktunterdrückung.

Die Gleichtakt*verstärkung* soll möglichst *klein* gegenüber der Leerlaufverstärkung V_0 sein.

Abb. 7.6 Zur Definition
der Gleichtaktverstärkung,
Gleichtaktbetrieb

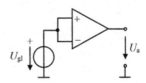

In den Datenblättern wird statt der Gleichtaktverstärkung die **Gleichtaktunter-drückung** *CMRR* (Common Mode Rejection Ratio) in dB als logarithmisches Verhältnis zwischen V_0 und V_G angegeben.

$$CMRR = 20\,\text{dB} \cdot \log\left(\frac{V_0}{V_G}\right) \qquad (7.16)$$

Ist *CMRR* in dB gegeben, so kann aus der umgestellten Formel

$$V_G = \frac{V_0}{10^{\frac{CMRR}{20\,\text{dB}}}} \qquad (7.17)$$

bei gegebenem V_0 die Gleichtaktverstärkung V_G berechnet werden.

Die Gleichtaktunterdrückung gibt an, um wie viel mehr ein Differenzsignal gegenüber einem Gleichtaktsignal verstärkt wird.

Die Gleichtakt*unterdrückung* soll möglichst *groß* gegenüber der Leerlaufverstärkung V_0 sein.

CMRR kann mehr als 100 dB betragen. Dies bedeutet, daß die Gleichtaktspannung um mehr als den Faktor 100.000 weniger verstärkt wird als eine Differenzspannung.

Die Herstellerangaben in Datenblättern gelten meist für niedrige Frequenzen oder eine Aussteuerung mit Gleichspannung. Die Gleichtaktunterdrückung nimmt mit zunehmender Frequenz des Gleichtaktsignals stark ab (wird schlechter).

7.3.6　Offsetspannung

Werden die beiden Eingänge E_+ und E_- auf Masse gelegt, so ist $U_+ = U_- = 0\,\text{V}$ und die Ausgangsspannung müsste $U_a = 0\,\text{V}$ sein. Dies ist beim realen OPV wegen *herstellungsbedingten Unsymmetrien in der Eingangsstufe* nicht der Fall. Das bedeutet, dass die Übertragungskennlinie $U_a = f(U_d)$ (Abb. 7.5) eines realen OPV nicht durch den Nullpunkt verläuft, sondern um die **Offsetspannung** oder *Eingangsfehlspannung* (input offset voltage) U_O auf der U_d-Achse verschoben ist. U_O kann je nach OPV-Exemplar positiv oder negativ sein. Die Übertragungskennlinie eines OPV mit Offsetspannung hat dann innerhalb des linearen Aussteuerungsbereiches die Form:

$$U_a = V_0 \cdot (U_d + U_O) \qquad (7.18)$$

Damit das Ausgangsruhepotenzial null Volt wird, muss entweder die Offsetspannung U_O auf null abgeglichen oder am Eingang eine Spannung $U_d = U_O$ angelegt werden. Somit folgt:

Die Eingangsoffsetspannung U_O ist definiert als die Spannungsdifferenz zwischen beiden Eingängen, damit $U_a = 0\,\text{V}$ wird.

Die unerwünschte Offsetspannung liegt je nach OPV-Typ im Bereich einiger zehn µV bis einige mV und läßt sich kompensieren. Zum Abgleich der Offsetspannung kann ein

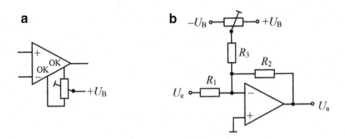

Abb. 7.7 Möglichkeiten zum Abgleich der Offsetspannung, mit extra Anschlüssen (**a**), externe Schaltung (**b**)

Trimmpotenziometer an eigens dafür vorgesehene Pins des OPV angeschlossen werden (Abb. 7.7a). Eine andere Möglichkeit stellt eine äußere Abgleichbeschaltung dar, durch die dem Eingang U_+ oder U_- eine Gleichspannung zugeführt wird (Abb. 7.7b).

7.3.7 Frequenzverhalten

Durch die inneren Kapazitäten und Widerstände der einzelnen, aufeinanderfolgenden Verstärkerstufen eines OPV wirkt jede einzelne Verstärkerstufe wie ein Tiefpass 1. Ordnung. Ein Tiefpass 1. Ordnung entspricht dem Verhalten eines einfachen RC-Gliedes. Ein OPV verhält sich somit durch die Reihenschaltung mehrerer Tiefpässe wie ein Tiefpasssystem höherer Ordnung mit einer großen Gleichspannungsverstärkung. Das frequenzabhängige Verhalten eines solchen mehrstufigen Verstärkers mit den Themen Amplituden- und Phasengang, Stabilität, Schwingbedingung und Frequenzgangkorrektur wird hier wegen des großen Umfangs dieser Thematik nicht behandelt.

Besprochen wird nur der Frequenzgang der Leerlaufspannungsverstärkung V_0 eines OPV ohne äußere Beschaltung. Dabei wird der OPV in seinem Frequenzgang als korrigiert (kompensiert) angenommen, damit er insgesamt in seinem Frequenzverhalten durch einen Tiefpass 1. Ordnung beschrieben werden kann. Durch eine *interne Frequenzgangkompensation* (Frequenzgangkorrektur, Frequenzkompensation) soll also vom Hersteller die höchste Grenzfrequenz der Verstärkerstufen mittels geeigneter Schaltungsmaßnahmen zu einer so niedrigen Frequenz gelegt werden, dass sich die Tiefpasseinflüsse der anderen Verstärkerstufen im Bereich der zu übertragenden Frequenzen des gesamten Verstärkers kaum noch bemerkbar machen. Diese interne Frequenzgangkompensation ergibt zwar eine stark eingeschränkte Bandbreite des OPV, erlaubt aber das Frequenzverhalten eines solchen OPV entsprechend einem RC-Glied einfach zu betrachten.

Der sehr hohe Wert der Leerlaufspannungsverstärkung V_0 ist für Gleichspannung spezifiziert. Beim realen OPV ist V_0 frequenzabhängig:

$$\underline{V_0 = V_0(f)} \tag{7.19}$$

Abb. 7.8 Amplitudengang der Leerlaufspannungsverstärkung eines frequenzgangkompensierten Operationsverstärkers

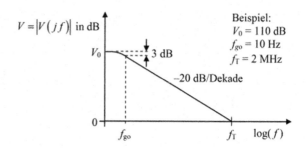

Bis zu niedrigen Frequenzen von einigen Hz der Eingangsspannung ist die Leerlaufverstärkung V_0 frequenz*un*abhängig. Ab der oberen Grenzfrequenz f_{go} wird die Leerlaufverstärkung mit zunehmender Signalfrequenz kleiner. Da es sich bei einem OPV um einen Verstärker mit gleichspannungsgekoppelten Verstärkerstufen handelt, ist die untere Grenzfrequenz 0 Hz. Die Bandbreite b ist gleich der oberen Grenzfrequenz f_{go}.

$$\underline{\underline{f_{gu} = 0\,\mathrm{s}^{-1}}} \tag{7.20}$$

$$\underline{\underline{b = f_{go}}} \tag{7.21}$$

Die Phasenverschiebung zwischen der Ausgangsspannung U_a und der Differenz-Eingangsspannung U_d ist ebenfalls frequenzabhängig.

Somit sind Betrag und Phase der Leerlaufverstärkung V_0 frequenzabhängig, wobei häufig (bei interner Frequenzgangkompensation) die Beschreibung durch einen Tiefpass erster Ordnung ausreichend ist.

$$\underline{\underline{V(jf) = \frac{V_0}{1 + j \cdot \frac{f}{f_{go}}}}} \tag{7.22}$$

$V_0 =$ Leerlaufspannungsverstärkung,
$f_{go} =$ obere Grenzfrequenz, bei der $|V(jf)|$ um 3 dB abgefallen ist (-3 dB-Grenzfrequenz).

Den Verlauf von V_0 in Abhängigkeit der Frequenz zeigt Abb. 7.8. Die Frequenz f_{go} wird allgemein als *Knickfrequenz* oder *Eckfrequenz* bezeichnet, da der Amplitudengang dort abknickt und eine Ecke hat, wenn er durch Geraden angenähert wird.

Oberhalb der -3 dB-Grenzfrequenz f_{go} nimmt die Leerlaufverstärkung V_0 um 20 dB pro Dekade ab. Bei der **Transitfrequenz** f_T (transit frequency, unity gain bandwidth) ist die Leerlaufverstärkung auf 0 dB bzw. $V_0 = 1,0$ abgesunken. Bei der Transitfrequenz, die typischerweise im MHz-Bereich liegt, ist die Nutzungsgrenze des OPV mit $U_a = U_e$ erreicht. Ab der Transitfrequenz verstärkt der OPV nicht mehr, sondern dämpft ein Eingangssignal.

Das Produkt

$$GBW = V \cdot f = f_T = \text{const.} \left(f \geq f_{go} \right) \tag{7.23}$$

wird **Verstärkungs-Bandbreite-Produkt** genannt. Da der Amplitudengang oberhalb von f_{go} linear abfällt, ist das **Produkt aus Verstärkung und Bandbreite** für Frequenzen $f \geq f_{go}$ **konstant** und **gleich der Transitfrequenz f_T**. Eine Zunahme der Frequenz um den Faktor 10 ist mit einer Abnahme der Verstärkung um den Faktor 10 verbunden.

Wird die Verstärkung des OPV durch eine Gegenkopplung reduziert, so erhöht sich in gleichem Maße die Grenzfrequenz. Es gilt:

$$V_0 \cdot f_{go} = V \cdot f_g = f_T \tag{7.24}$$

V_0 = Leerlaufspannungsverstärkung,
f_{go} = 3 dB-Grenzfrequenz bei V_0,
V = Spannungsverstärkung bei Gegenkopplung ($V < V_0$),
f_g = 3 dB-Grenzfrequenz bei V ($f_g > f_{go}$).

Durch Verringerung der Verstärkung kann die Bandbreite vergrößert werden. Die Bandbreite wird um den gleichen Faktor vergrößert, um den die Verstärkung durch eine Gegenkopplung herabgesetzt wird.

Hat ein OPV keine interne Frequenzgangkompensation, so muss diese durch eine geeignete externe Schaltung erfolgen. Beim beschalteten OPV kann es sonst durch Phasen-verschiebungen der Verstärkerstufen zu einer Mitkopplung und damit zu selbstständigen Schwingungen kommen.

Aufgabe
Ein OPV hat eine Leerlaufspannungsverstärkung von $V_{0,dB} = 130\,\text{dB}$ und eine Transitfrequenz $f_T = 4\,\text{MHz}$. Bestimmen Sie:

a) das Verstärkungs-Bandbreite-Produkt GBW,
b) die -3 dB-Grenzfrequenz f_{go},
c) die Leerlaufspannungsverstärkung V bei 40 kHz.

Lösung:

a) Bei der Transitfrequenz ist die Verstärkung auf $V = 1,0$ abgesunken.
   $GBW = V \cdot f = f_T$; $GBW = 1,0 \cdot f_T = 1,0 \cdot 4\,\text{MHz} = \underline{4\,\text{MHz}}$.
   Oder: $GBW = f_T = \underline{4\,\text{MHz}}$.

b) $V_0 = 10^{\frac{V_{0,dB}}{20\,dB}}$; $V_0 = 3,16 \cdot 10^6$; $f_{go} = \frac{f_T}{V_0} = \frac{4 \cdot 10^6\,\text{Hz}}{3,16 \cdot 10^6} = \underline{1,27\,\text{Hz}}$.

c) $V = \frac{GBW}{f} = \frac{4 \cdot 10^6\,\text{Hz}}{40 \cdot 10^3\,\text{Hz}} = \underline{\underline{100}}$.

Abb. 7.9 Zur Definition
von Anstiegszeit t_r und
Einschwingzeit t_s bei
Sprungerregung eines OPV

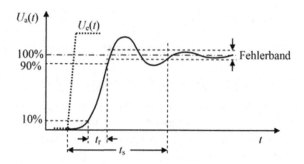

7.3.8 Sprungverhalten

Die (Flanken-) **Anstiegszeit** t_r (rise time) und (Flanken-) **Abfallzeit** t_f (fall time) ist
die Zeitdauer, welche die Ausgangsspannung benötigt, um von 10 % auf 90 % ihres
Endwertes bzw. umgekehrt zu gelangen, wenn an den Eingang des OPV ein idealer
Spannungssprung gelegt wird (Abb. 7.9).

Durch einen Spannungssprung am Eingang ergibt sich ein Überschwingen des Aus-
gangs-signals, welches in einer gedämpften Schwingung auf einen Endwert abklingt. Als
Einschwingzeit t_s (settling time) ist die Zeit vom Beginn der Sprungerregung bis zum
endgültigen Eintauchen des Ausgangssignals in ein Fehlerband definiert (Abb. 7.9).

Die maximale **Anstiegsgeschwindigkeit** (Spannungsanstiegsrate, Slew Rate *SR*)
kennzeichnet die maximal mögliche Änderung der Ausgangsspannung pro Zeiteinheit.
Die Slew Rate wird in V/µs angegeben. Typisch sind Werte von einigen V/µs bis über
10 kV/µs. Kann die Ausgangsspannung infolge der zu kleinen Slew Rate eines OPV
dem Eingangssignal nicht schnell genug folgen, so kommt es zu Anstiegsverzerrungen.
Wichtig ist die Slew Rate bei der Verarbeitung von Rechtecksignalen mit sehr steilen
Flanken.

7.4 Der ideale Operationsverstärker

Nachdem die wichtigsten Kennwerte eines realen OPV besprochen wurden, wird nun
der ideale OPV vorgestellt. Der ideale OPV ist ein **stark vereinfachtes** Modell, in dem
alle parasitären Eigenschaften realer Operationsverstärker vernachlässigt werden. Daher
wird er vor allem bei einfachen Schaltungsberechnungen und Überschlagsrechnungen
verwendet. Für komplexere Schaltungsberechnungen ist der ideale OPV meistens ein zu
stark vereinfachtes Modell, man sollte dann eine Software zur Schaltungssimulation verwenden.

Tab. 7.1 Zusammenstellung der wichtigsten Kennwerte eines OPV

Kennwert	Symbol	Typischer Wertebereich	Idealer Wert
Leerlaufspannungsverstärkung (Differenz-verstärkung)	V_0	$10^4 \dots 10^6$	∞
Gleichtaktunterdrückung	$CMRR$	$10^6 \dots 10^8$	∞
Eingangswiderstände	R_{E+}, R_{E-}	$1\,\text{M}\Omega \dots 1\,\text{T}\Omega$	∞
Eingangsströme	I_+, I_-	Einige pA bis μA	0
Eingangsoffsetspannung	U_O	$0{,}1 \dots 10\,\text{mV}$	0
Ausgangsstrom	$I_{a,max}$	$5 \dots 100\,\text{mA}$	Beliebig
Ausgangswiderstand	R_a	$5 \dots 200\,\Omega$	0
3 dB-Grenzfrequenz	f_{go}	$1 \dots > 100\,\text{MHz}$	∞
Slew Rate	SR	$1 \dots 10.000\,\text{V}/\mu\text{s}$	∞

Für ideale OPV werden folgende Parameter angenommen (Tab. 7.1):

- Die Leerlaufspannungsverstärkung ist unendlich groß und frequenzunabhängig.
- Die Eingangswiderstände sind unendlich groß, die Eingangsströme sind somit null.
- Der Ausgangswiderstand ist null. Der Ausgang wirkt als ideale Spannungsquelle, es erfolgt keine Veränderung der Ausgangsspannung bei Belastung des Ausgangs.
- Es gibt keine Phasenverschiebung zwischen Ein- und Ausgang.
- Die 3 dB-Grenzfrequenz f_{go} ist unendlich groß.
- Bei Gegenkopplung ist die Differenzeingangsspannung $U_d = 0\,\text{V}$.
- Die Offsetspannung ist null.
- Die Gleichtaktunterdrückung ist unendlich groß.
- Die Anstiegsgeschwindigkeit (Slew Rate) ist unendlich groß.
- Es gibt keine Drift von Parametern infolge von Temperaturänderungen oder Alterung.

7.5 Einsatz von Operationsverstärkern

7.5.1 Beschalteter Operationsverstärker

7.5.1.1 Spannungskomparator

Der Spannungskomparator ist eine *nichtlineare* Schaltung. In nichtlinearen Schaltungen wird der OPV bis in den Sättigungsbereich (bis zum positiven Sättigungswert $+U_{a,max}$ oder negativen Sättigungswert $-U_{a,min}$) ausgesteuert.

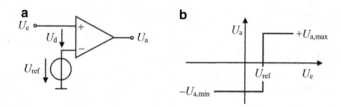

Abb. 7.10 OPV als nichtinvertierender Spannungskomparator, Schaltung (**a**) und idealisierte Übertragungskennlinie (**b**)

Der Spannungskomparator ist die einzige Schaltung, bei der die sehr hohe Leerlaufspannungsverstärkung V_0 verwendet wird. V_0 unterliegt bekanntlich hohen Exemplarstreuungen und einer Temperaturdrift, wobei diese Punkte durch die Aussteuerung bis in den Sättigungsbereich keinen Nachteil ergeben. V_0 wird als Spannungskomparator in einer *Betriebsart* als *Schalter* ausgenutzt, um bei einer Spannungsdifferenz U_d zwischen den beiden Eingängen die Ausgangsspannung in einen der beiden Sättigungszustände $-U_{a,min}$ oder $+U_{a,max}$ zu treiben. Abb. 7.10a zeigt die Schaltung eines Spannungskomparators, in Abb. 7.10b ist die zugehörige Übertragungskennlinie dargestellt.

Allgemein gilt:

$$U_a = V_0 \cdot U_d = V_0 \cdot (U_e - U_{ref}) \tag{7.25}$$

Mit $V_0 = \infty$ folgen daraus die beiden Fälle:

$$\underline{\underline{U_a = -U_{a,min} \text{ für } U_e < U_{ref} \, (U_d < 0)}} \tag{7.26}$$

$$\underline{\underline{U_a = +U_{a,max} \text{ für } U_e > U_{ref} \, (U_d > 0)}} \tag{7.27}$$

Bei idealisierter Übertragungskennlinie wird das Verhalten des Spannungskomparators durch die Gleichungen und beschrieben. Je nach Beschaltung der Eingänge E_+ und E_- mit U_e und U_{ref} gibt es nichtinvertierende (U_e an E_+) und invertierende (U_e an E_-) Komparatoren.

Durch den Vergleich der Eingangsspannung U_e mit der Referenzspannung U_{ref} kann somit festgestellt werden, ob U_e einen bestimmten Grenzwert U_{ref} über- oder unterschreitet. Mit geeigneten Sensoren könnte z. B. der Füllstand einer Flüssigkeit in einem Behälter überwacht werden. So lässt sich ermitteln, ob der Füllstand oberhalb oder unterhalb einer bestimmten Füllstandsmarke liegt.

In integrierten Komparator-ICs wird eine *Schalthysterese* (= Differenz zwischen Ein- und Ausschaltpegel) realisiert, um ein „Flattern" (schnelles und ständiges Umschalten

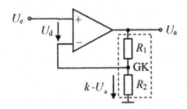

Abb. 7.11 Operationsverstärker mit Gegenkopplungsnetzwerk GK

der Ausgangsspannung U_a) zu verhindern, wenn U_e nahe bei U_{ref} liegt und U_e von einer Störspannung überlagert ist. Eine Komparatorschaltung mit *Hysterese* wird als *Schwellwertschalter* oder *Schmitt-Trigger*[1] bezeichnet.

7.5.1.2 Prinzip der Gegenkopplung

Das Prinzip der *Rückkopplung* als *Mit-* oder *Gegen*kopplung sowie ihre Folgen, wirkt sich auf die Wechselspannungsverstärkung, den Wechselstromeingangswiderstand und den Frequenzgang aus. Diese Auswirkungen werden hier nicht näher erläutert. Die Gegenkopplung kann auch auf eine Transistorstufe, z. B. eine Emitterstufe, angewandt werden.

Hier wird die Gegenkopplung mit ihren Eigenschaften und Vorteilen bei OPV betrachtet. Die angegebenen Gleichungen und Beziehungen gelten nur, wenn der OPV *nicht* übersteuert ist. Der OPV wird als ideal angenommen, die Eingangswiderstände sind unendlich groß, die Eingangsströme somit null.

Wie in Abschn. 7.3.4 erwähnt, wird für eine Verstärkeranwendung eine bestimmte Betriebsverstärkung V des OPV benötigt, die sehr viel kleiner sein muss als die Leerlaufspannungsverstärkung V_0. Erreicht wird die Betriebsverstärkung durch eine äußere Beschaltung des OPV, die als Gegenkopplung wirkt. Die gesamte Schaltung zeigt Abb. 7.11.

Als Gegenkopplungsnetzwerk GK wirkt der Spannungsteiler aus R_1 und R_2. Bei einer Gegenkopplung wird ein Bruchteil $k \cdot U_a$ ($k \leq 1$) der Ausgangsspannung U_a auf den invertierenden Eingang zurückgeführt. In Abb. 7.11 erfolgt die Aufteilung von U_a in ein kleineres Teilsignal $k \cdot U_a$ durch den Spannungsteiler aus R_1 und R_2. Die Spannung an R_2 ist:

$$k \cdot U_a = \frac{R_2}{R_1 + R_2} \cdot U_a \qquad (7.28)$$

---

[1]Otto Herbert Schmitt (1913–1989), US-amerikanischer Biophysiker.

Der Abschwächungsfaktor (Gegenkopplungsfaktor) k ist also:

$$k = \frac{R_2}{R_1 + R_2} \tag{7.29}$$

Die Teilausgangsspannung $k \cdot U_a$ liegt am invertierenden Eingang. Daraus folgt:

$$U_d = U_e - k \cdot U_a \tag{7.30}$$

Die Ausgangsspannung U_a ist somit:

$$U_a = V_0 \cdot U_d = V_0 \cdot (U_e - k \cdot U_a) \tag{7.31}$$

Gl. (7.31) wird nach U_a aufgelöst:

$$U_a = U_e \cdot \frac{V_0}{1 + k \cdot V_0} \tag{7.32}$$

Wird Gl. (7.32) auf beiden Seiten durch U_e dividiert, ergibt sich die Betriebsverstärkung V:

$$V = \frac{U_a}{U_e} = \frac{V_0}{1 + k \cdot V_0} \tag{7.33}$$

V_0 ist sehr groß bzw. beim idealen OPV unendlich groß. Auch wenn $k < 1$ ist, gilt also für die Schleifenverstärkung:

$$k \cdot V_0 \gg 1 \tag{7.34}$$

Somit ist:

$$V = \frac{U_a}{U_e} = \frac{V_0}{k \cdot V_0} = \frac{1}{k} \tag{7.35}$$

Die **Betriebsverstärkung**

$$V = \frac{1}{k} \tag{7.36}$$

hängt jetzt nur noch von dem Abschwächungsfaktor k ab, der sich nach Gl. (7.29) als Verhältnis von Widerstandswerten ergibt. Ohmsche Widerstände sind sehr präzise und stabile BE, Alterung und Nichtlinearitäten sind meist vernachlässigbar. Sie sind mit kleinen Toleranzen ihres Widerstandswertes und mit kleinem Temperaturkoeffizienten zu günstigen Preisen erhältlich.

Die Betriebsverstärkung V ist nun nicht mehr von Exemplarstreuungen und Temperaturänderungen abhängig, wie es bei der Leerlaufspannungsverstärkung V_0 der Fall ist, sondern nur noch von stabilen ohmschen Widerständen.

Mit den Widerstandswerten des Gegenkopplungsnetzwerkes aus R_1, R_2 kann die gewünschte Betriebsverstärkung eingestellt werden.

$$V = \frac{1}{k} = \frac{R_1 + R_2}{R_2} = 1 + \frac{R_1}{R_2} \qquad (7.37)$$

7.5.1.3 Auswirkungen der Gegenkopplung

Vorliegen einer Gegenkopplung

Ob eine Gegenkopplung in einer OPV-Schaltung vorliegt oder nicht, ist eine fundamentale Frage, die am Anfang jeder Betrachtung und Schaltungsanalyse stehen sollte. Wie kann man eine vorliegende Gegenkopplung leicht erkennen? Dazu hilft folgender Satz:

Besteht eine wie immer geartete Signalverbindung vom Ausgang eines OPV zu seinem invertierenden Eingang, so liegt eine Gegenkopplung vor.

Die Verbindung kann ein beliebiges Schaltungselement sein: Ein Draht, ein ohmscher Widerstand, ein Kondensator, eine Induktivität, eine Halbleiterstrecke. Die Verbindung kann auch über mehrere zusammengeschaltete BE führen. Die BE können auch nichtlinear sein.

Gegenkopplung und Differenzeingangsspannung U_d

Nun wird die Auswirkung der Gegenkopplung auf die Differenzeingangsspannung U_d untersucht. Wir verwenden hierzu wieder die Schaltung in Abb. 7.11.

Die folgenden Betrachtungen gelten für den ersten, unmittelbar dem Einschalten der Eingangsspannung U_e folgenden Zeitabschnitt. Der OPV weist eine begrenzte Reaktionsgeschwindigkeit auf. Die Anstiegsgeschwindigkeit der Ausgangsspannung (Slew Rate) ist aufgrund der Innenschaltung des OPV limitiert, z. B. auf $SR = 10\,\text{V}/\mu\text{s}$.

- Erster Zeitpunkt

Die Eingangsspannung U_e wird eingeschaltet. Es sei z. B. die Eingangsspannung U_e ein positiver Gleichspannungswert von $U_e = +5\,\text{V}$. Die Ausgangsspannung U_a – und damit die Spannung $k \cdot U_a$ an R_2 und folglich auch die Spannung am invertierenden Eingang – beträgt (noch) null Volt. Damit ist $U_d = +5\,\text{V}$. Da die Gegenkopplung wegen der noch nicht aufgebauten Gegenkopplungsspannung $k \cdot U_a$ noch nicht wirkt, verstärkt der OPV diese positive Differenzeingangsspannung $U_d = +5\,\text{V}$ mit der Leerlaufspannungsverstärkung $V_0 = \infty$. Im ersten Augenblick wird jetzt die Ausgangsspannung U_a auf einen positiven Wert ansteigen. Entsprechend dem Spannungsteilerverhältnis von R_1 und R_2 wird auch die Gegenkopplungsspannung $k \cdot U_a$ ansteigen.

$$k \cdot U_a = \frac{R_2}{R_1 + R_2} \cdot U_a \qquad (7.38)$$

Da $k \cdot U_a$ die Spannung am invertierenden Eingang ist, wird die Spannung U_d mit diesem Anstieg von $k \cdot U_a$ wie folgt kleiner:

$$U_d = U_e - k \cdot U_a \qquad (7.39)$$

- Zweiter Zeitpunkt

Somit steigt die Ausgangsspannung U_a um einen gegenüber dem vorhergehenden Zeitpunkt kleineren Wert an. Durch den Spannungsteiler von R_1, R_2 gilt dies auch für den Anstieg der Gegenkopplungsspannung $k \cdot U_a$. Somit wird U_d ebenfalls wieder kleiner.

- Dritter Zeitpunkt

Derselbe Vorgang wiederholt sich nun mit einer wiederum kleineren Spannung U_d. Die beschriebenen Vorgänge setzen sich solange fort, bis die Ausgangsspannung U_a gerade so groß geworden ist, dass die Differenzeingangsspannung U_d durch die von U_a verursachte Gegenkopplungsspannung $k \cdot U_a$ zu null geworden ist. Dabei wird eine unendlich große Leerlaufspannungsverstärkung $V_0 = \infty$ angenommen. Bei realen Werten von V_0 (z. B. $V_0 = 10^6$) nimmt U_d einen von null verschiedenen, aber sehr kleinen Wert an. Je größer die Leerlaufspannungsverstärkung V_0 ist, desto kleiner ist U_d bei gegebener Ausgangsspannung U_a.

$$U_a = V_0 \cdot U_d = V_0 \cdot (U_e - k \cdot U_a) = V_0 \cdot \left(U_e - \frac{R_2}{R_1 + R_2} \cdot U_a \right) \qquad (7.40)$$

Dieser durch die Gegenkopplung bedingte Einschwingvorgang wurde zeitlich gedehnt beschrieben, er ist hingegen in der Realität nach wenigen µs nach dem Einschalten von U_e abgeschlossen.

- Ergebnis

Bei einem idealen OPV mit **Gegenkopplung** ist unmittelbar nach Anlegen der Eingangsspannung U_e die Differenzeingangsspannung $U_d = 0\,\mathrm{V}$.

Mit anderen Worten:

Bei Gegenkopplung arbeitet der ideale OPV intern so lange, bis die Differenzeingangsspannung null ist.

Bei der Berechnung von Schaltungen mit OPV (welche bei Rechnungen von Hand praktisch immer als ideal angenommen werden) hilft dieser Satz enorm und vereinfacht die Rechenvorgänge erheblich!

Virtueller Kurzschluss

Null Volt zwischen zwei Punkten bedeutet, dass beide Punkte miteinander kurzgeschlossen sind. Die Spannung an einem offenen Eingang einer elektronischen Schaltung ist nicht null, nur weil an dem Eingang keine Spannungsquelle angeschlossen ist. Eine genügend hohe Verstärkung kann kleinste, eingestreute Störspannungen erkennbar werden lassen, die erst dann verschwinden, wenn der Eingang nach Masse kurzgeschlossen wird.

Null Volt bedeutet Kurzschluss.

Durch die Gegenkopplung stellt sich bei einem OPV zwischen den Eingängen E_+ und E_- eine Differenzeingangsspannung U_d von null Volt ein. Diese minimale (im Realfall sehr kleine) Spannung ist natürlich nicht auf einen Kurzschluss zwischen den beiden Eingängen zurückzuführen. Wie soeben gezeigt wurde, ist sie das Ergebnis eines regelungstechnischen Vorgangs.

Um trotzdem den Zustand zu charakterisieren, dass bei Gegenkopplung $U_d = 0$ V ist, spricht man von einem **virtuellen Kurzschluss** zwischen den beiden Eingängen. Es ist ein gedachter Kurzschluss der daran erinnern soll, dass man sich bei Gegenkopplung die beiden Eingänge miteinander kurzgeschlossen vorstellen kann.

Ein virtueller Kurzschluss darf nicht in einen Schaltplan eingetragen und so zu einem realen Kurzschluss gemacht werden. Man würde dadurch die Schaltung ändern, die Art der Verdrahtung (der Verbindungen) der BE wäre dann anders.

7.5.2 Grundschaltungen

7.5.2.1 Nichtinvertierender Verstärker
Es handelt sich um eine Schaltung mit Gegenkopplung und um einen nichtinvertierenden Betrieb, da das Eingangssignal U_e am nichtinvertierenden Eingang liegt. Eingangs- und Ausgangsspannung sind zueinander phasengleich. Das Schaltbild zeigt Abb. 7.12 und entspricht der Schaltung von Abb. 7.11. Die Gleichungen und Zusammenhänge gelten hier und in den folgenden Abschnitten nur, wenn der OPV nicht übersteuert ist.

Geht man von einem idealen OPV aus, so fließt in den Eingang E_- kein Eingangsstrom, der Spannungsteiler R_1, R_2 ist somit unbelastet. Die Spannung an R_2 ist $U_{R2} = U_a \cdot \frac{R_2}{R_1+R_2}$. Da eine Gegenkopplung vorliegt, wird $U_d = 0$ V und damit $U_{R2} = U_e$. Daraus folgt die Betriebsverstärkung V:

$$V = \frac{U_a}{U_e} = \frac{R_1 + R_2}{R_2} = 1 + \frac{R_1}{R_2} \tag{7.41}$$

Abb. 7.12 Schaltung eines OPV als nichtinvertierender Verstärker

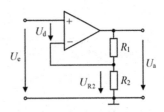

Die Verstärkung der Schaltung hängt also ausschließlich vom Widerstandsverhältnis R_1/R_2 ab. Für $R_1 = R_2$ ist $V = 2$.

Die Spannungsverstärkung eines idealen OPV als nichtinvertierender Verstärker ist:

$$\underline{\underline{V = 1 + \frac{R_1}{R_2}}} \qquad (7.42)$$

$$\underline{\underline{U_a = V \cdot U_e = \left(1 + \frac{R_1}{R_2}\right) \cdot U_e}} \qquad (7.43)$$

Der Eingangswiderstand der Schaltung ist für den idealen OPV unendlich hoch, da in den Eingang E_+ kein Strom fließt.

$$\underline{\underline{R_e = \infty}} \qquad (7.44)$$

Beim realen OPV entspricht der Eingangswiderstand der Schaltung dem sehr hohen Eingangswiderstand des OPV. Die Schaltung wird deshalb auch als *Elektrometerverstärker* bezeichnet. Ein *Elektrometer* ist in der Physik ein Gerät zur stromlosen Messung von elektrostatischer Ladung.

Beachten Sie den Unterschied zwischen dem Eingangswiderstand des OPV als Bauteil und dem Eingangswiderstand der gesamten Schaltung. Beachten Sie auch, dass die Widerstände je nach Schaltbild unterschiedlich nummeriert sein können.

7.5.2.2 Impedanzwandler (Spannungsfolger)

Ein Impedanzwandler wird eingesetzt, wenn die Impedanz einer Quelle an die Impedanz eines Verbrauchers angepasst werden muss. Darf eine Signalquelle möglichst nicht belastet werden, so kommt ein Impedanzwandler mit hohem Eingangswiderstand und kleinem Ausgangswiderstand zum Einsatz.

Die Schaltung des Impedanzwandlers (Abb. 7.13) basiert auf dem nichtinvertierenden Verstärker mit $R_1 = 0$ und $R_2 = \infty$. Die Betriebsverstärkung ist somit:

$$\underline{\underline{V = 1 + \frac{0}{\infty} = 1 \text{ (entspricht 0 dB)}}} \qquad (7.45)$$

$$\underline{\underline{U_a = U_e}} \qquad (7.46)$$

Eingangs- und Ausgangsspannung sind zueinander phasengleich. Ein Impedanzwandler hat einen hohen Eingangswiderstand und einen niedrigen Ausgangswiderstand.

Abb. 7.13 Schaltung eines
Impedanzwandlers

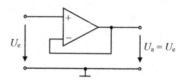

Abb. 7.14 OPV als
invertierender Verstärker

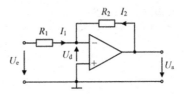

Eingangs- und Ausgangswiderstand entsprechen den Werten des gewählten OPV. Der Impedanzwandler kann zur Verringerung des Ausgangswiderstandes einer Verstärkerstufe oder zur *Entkopplung von Verstärkerstufen* eingesetzt werden. Die Schaltung entspricht dem Emitterfolger einer Transistorschaltung.

7.5.2.3 Invertierender Verstärker

Die Schaltung arbeitet mit Gegenkopplung und im invertierenden Betrieb, da das Eingangssignal U_e am invertierenden Eingang liegt. Der invertierende Verstärker wird auch Umkehrverstärker genannt. Die Schaltung zeigt Abb. 7.14.

Da über R_2 eine Gegenkopplung vorliegt, wird $U_d = 0\,\mathrm{V}$. Dies bedeutet einen virtuellen Kurzschluss zwischen den beiden Eingängen. Man kann sich also vorstellen, dass der Eingang E$_-$ mit dem Eingang E$_+$ verbunden ist. Da der Eingang E$_+$ direkt mit Masse verbunden ist (ohne irgend ein Bauelement zwischen dem Eingang und Masse) kann jetzt auch der Eingang E$_-$ als direkt mit Masse verbunden angesehen werden.

Kurz: **Virtueller Kurzschluss zwischen E$_+$ und E$_-$, E$_+$ auf Masse, somit auch E$_-$ auf Masse.**

Da der Eingang E$_-$ nicht wirklich mit Masse verbunden ist, sondern das Massepotenzial durch einen virtuellen Kurzschluss einnimmt, spricht man von **virtueller Masse** am Eingang E$_-$. Man kann sich somit den invertierenden Eingang als an Masse gelegt denken.

Konzept der virtuellen Masse:

Bei Gegenkopplung und E$_+$ direkt auf Masse: E$_-$ ist virtuelle Masse.

Das Konzept der virtuellen Masse hat einen großen **Vorteil:** Man kann sofort *Ströme berechnen,* die dann durch eine *Knotengleichung miteinander verknüpft* werden können.

Aus Abb. 7.14 ergibt sich:

$$I_1 = \frac{U_e}{R_1} \tag{7.47}$$

$$I_2 = \frac{U_a}{R_2} \tag{7.48}$$

In den Eingang E$_-$ fließt kein Strom. Somit ist:

$$I_2 = -I_1 \tag{7.49}$$

Abb. 7.15 Ein Sonderfall des
invertierenden Verstärkers

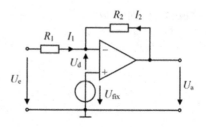

Gl. (7.47) und (7.48) in Gl. (7.49) eingesetzt ergibt die Betriebsverstärkung:

$$V = \frac{U_a}{U_e} = -\frac{R_2}{R_1} \tag{7.50}$$

$$U_a = V \cdot U_e = -\frac{R_2}{R_1} \cdot U_e \tag{7.51}$$

Das Minuszeichen in Gl. (7.51) drückt aus, dass zwischen Eingangs- und Ausgangsspannung eine Phasenverschiebung von 180° vorliegt. Eingangs- und Ausgangsspannung
sind zueinander gegenphasig. Man beachte, dass durch geeignete Wahl der Widerstände
auch $|V| < 1$ möglich ist.

Der Widerstand R_1 führt in Abb. 7.14 vom Eingangsanschluss der Schaltung auf
virtuelle Masse am Eingang E_. Der Eingangswiderstand des invertierenden Verstärkers
entspricht somit dem Wert von R_1 und ist im Normalfall wesentlich kleiner als der Eingangswiderstand der nichtinvertierenden Verstärkerschaltung.

$$R_e = \frac{U_e}{I_1} = R_1 \tag{7.52}$$

Jetzt wird noch der Sonderfall betrachtet, dass E_+ nicht direkt auf Masse liegt, sondern
über eine Spannungsquelle U_{fix} an Masse geführt wird. Das Schaltbild ist in Abb. 7.15
dargestellt.

Da über R_2 eine Gegenkopplung vorliegt, wird $U_d = 0\,V$. Dies bedeutet einen
virtuellen Kurzschluss zwischen den beiden Eingängen. Achtung: Da E_+ jetzt *nicht
direkt,* sondern über U_{fix} an Masse liegt, ist E_ jetzt *nicht* virtuelle Masse. Da aber der
virtuelle Kurzschluss zwischen den beiden Eingängen besteht, kann das Potenzial am
Eingang E_ angegeben werden: Es ist U_{fix}. Jetzt können wieder die Ströme berechnet
werden.

$$I_1 = \frac{U_e - U_{fix}}{R_1} \tag{7.53}$$

$$I_2 = \frac{U_a - U_{fix}}{R_2} \tag{7.54}$$

Abb. 7.16 Signaladdierer mit OPV

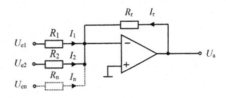

In den Eingang E_ fließt kein Strom. Somit ist:

$$I_2 = -I_1 \tag{7.55}$$

Durch Einsetzen der Gl. (7.53) und (7.54) in Gl. (7.55) und Auflösen nach der Ausgangsspannung U_a erhält man:

$$U_a = -\frac{R_2}{R_1} \cdot (U_e - U_{fix}) + U_{fix} \tag{7.56}$$

Für $U_{fix} = 0$ ergibt sich Gl. (7.51).

7.5.2.4 Invertierender Signaladdierer (Summierer)

Beim Summierer werden die Eingangsspannungen addiert. Die Eingangsspannungen werden dabei den Widerstandsverhältnissen der Beschaltung entsprechend gewichtet. Die Eingangsspannungen können positive oder negative Amplituden haben. Die Schaltung eines invertierenden Summierers wird in Abb. 7.16 gezeigt. Zu erkennen ist, dass diese Schaltung eine Abwandlung des invertierenden Verstärkers in Abb. 7.14 darstellt.

Es gibt auch *nichtinvertierende* Summiererschaltungen. Die Anzahl der Eingänge ist hier beliebig erweiterbar.

Zur Analyse der Schaltung in Abb. 7.16: Es liegt eine Gegenkopplung über R_r vor und außerdem liegt der Eingang E_+ direkt auf Masse. Somit ist der Eingang E_- virtuelle Masse. Die Eingangsspannungen U_{e1}, U_{e2}, U_{en} liegen also direkt über den Widerständen R_1, R_2, R_n. Jetzt können sofort die Ströme I_1, I_2, I_n und I_r berechnet werden.

$$I_1 = \frac{U_{e1}}{R_1} \tag{7.57}$$

$$I_2 = \frac{U_{e2}}{R_2} \tag{7.58}$$

$$I_n = \frac{U_{en}}{R_n} \tag{7.59}$$

$$I_r = \frac{U_a}{R_r} \tag{7.60}$$

Knotenregel:

$$I_1 + I_2 + I_n = -I_r \tag{7.61}$$

Ströme einsetzen und auflösen nach U_a ergibt die Ausgangsspannung:

$$U_a = -\left(\frac{R_r}{R_1} \cdot U_{e1} + \frac{R_r}{R_2} \cdot U_{e2} + \ldots + \frac{R_r}{R_n} \cdot U_{en} \right) \tag{7.62}$$

Die Eingangsspannungen sind durch die Widerstandsverhältnisse noch unterschiedlich gewichtet. Werden nur gleiche Widerstände $R_1 = R_2 = R_n = R_r = R$ verwendet, so erhält man:

$$\underline{U_a = -(U_{e1} + U_{e2} + \ldots + U_{en})} \tag{7.63}$$

7.5.2.5 Subtrahierer

Aus den beiden Eingangsspannungen bildet der OPV eine Differenz. Die Eingangsspannungen werden dabei den Widerstandsverhältnissen der Beschaltung entsprechend gewichtet.

Der Subtrahierer als OPV-Schaltung wird oft als *Differenzverstärker* bezeichnet. Dies kann jedoch verwirrend sein, da jeder OPV bereits einen Differenzverstärker als Eingangsstufe hat.

Die Anzahl der Eingänge ist beim Subtrahierer wie beim Addierer beliebig erweiterbar (Abb. 7.17).

Die Schaltung ist eine Kombination aus nichtinvertierendem und invertierendem Verstärker.

Durch Anwendung des Überlagerungssatzes wird die Beziehung zwischen der Ausgangsspannung U_a und den beiden Eingangsspannungen U_{e1}, U_{e2} gefunden.

$U_{e2} = 0$, d. h. Eingang von U_{e2} kurzgeschlossen gegen Masse: Die Schaltung verhält sich wie ein invertierender Verstärker mit

$$U_{a1} = -\frac{R_3}{R_1} \cdot U_{e1} \tag{7.64}$$

$U_{e1} = 0$, d. h. Eingang von U_{e1} kurzgeschlossen gegen Masse: Bezogen auf die Spannung U_p am Eingang E_+ verhält sich die Schaltung wie ein nichtinvertierender Verstärker mit:

Abb. 7.17 Schaltung eines Subtrahierers

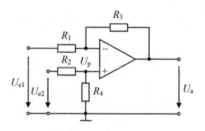

Abb. 7.18 Schaltung des Subtrahierers mit ergänzten Größen für alternativen Lösungsweg

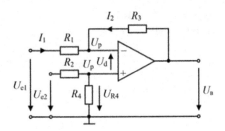

$$U_{a2} = U_p \cdot \left(1 + \frac{R_3}{R_1}\right) \tag{7.65}$$

Mit $U_p = U_{e2} \cdot \frac{R_4}{R_2+R_4}$ folgt:

$$U_{a2} = U_{e2} \cdot \frac{R_4}{R_2 + R_4} \cdot \left(1 + \frac{R_3}{R_1}\right) \tag{7.66}$$

Durch Überlagerung (Addition) der beiden Teilspannungen U_{a1} und U_{a2} erhält man die Ausgangsspannung.

$$U_a = U_{a1} + U_{a2} = U_{e2} \cdot \frac{R_4}{R_2 + R_4} \cdot \left(1 + \frac{R_3}{R_1}\right) - \frac{R_3}{R_1} \cdot U_{e1} \tag{7.67}$$

Mit gleichen Widerständen $R_1 = R_2 = R_3 = R_4 = R$ ergibt sich:

$$\underline{U_a = U_{e2} - U_{e1}} \tag{7.68}$$

Dieses Ergebnis wird jetzt mit einem alternativen Lösungsweg überprüft. Die Schaltung mit eingetragenen Größen, die in der Rechnung verwendet werden, zeigt Abb. 7.18.

Der Eingang E$_-$ ist *nicht* virtuelle Masse, da E$_+$ nicht direkt an Masse liegt. Da über R_3 eine Gegenkopplung vorliegt, wird $U_d = 0$ V. Dies bedeutet einen virtuellen Kurzschluss zwischen den beiden Eingängen. Damit tritt das Potenzial U_p am Eingang E$_+$ auch am Eingang E$_-$ auf.

$$U_p = U_{R4} = U_{e2} \cdot \frac{R_4}{R_2 + R_4} \tag{7.69}$$

An R_1 liegt die Spannung $U_{R1} = U_{e1} - U_p$. Somit kann der Strom I_1 durch R_1 sofort bestimmt werden.

$$I_1 = \frac{U_{R1}}{R_1} = \frac{U_{e1} - U_p}{R_1} \tag{7.70}$$

An R_3 liegt die Spannung $U_{R3} = U_a - U_p$. Somit kann der Strom I_2 durch R_3 sofort bestimmt werden.

$$I_2 = \frac{U_{R3}}{R_3} = \frac{U_a - U_p}{R_3} \tag{7.71}$$

Abb. 7.19 Grundschaltung
eines OPV als Integrierer

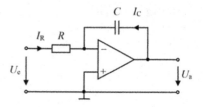

Knotenregel:

$$I_1 = -I_2 \tag{7.72}$$

$$\frac{U_{e1} - U_p}{R_1} = \frac{U_p - U_a}{R_3} \tag{7.73}$$

$$\frac{R_3}{R_1} \cdot (U_{e1} - U_p) = U_p - U_a \tag{7.74}$$

$$U_a = -\frac{R_3}{R_1} \cdot U_{e1} + \frac{R_3}{R_1} \cdot U_p + U_p \tag{7.75}$$

U_p von Gl. (7.69) einsetzen:

$$U_a = -\frac{R_3}{R_1} \cdot U_{e1} + \frac{R_3}{R_1} \cdot \frac{R_4}{R_2 + R_4} \cdot U_{e2} + \frac{R_4}{R_2 + R_4} \cdot U_{e2} \tag{7.76}$$

Mit Gl. (7.76) haben wir das gleiche Ergebnis, das wir mit Gl. (7.67) erhalten haben.

In der Praxis wird ein Subtrahierer oft in Verbindung mit einer Brückenschaltung eingesetzt. Ist die Brücke abgeglichen, so ist die Ausgangsspannung des OPV null Volt. Besteht z. B. ein Brückenzweig aus einem temperaturabhängigen Widerstand (NTC-Widerstand), so ist die Ausgangsspannung eine Funktion der Temperatur.

7.5.2.6 Integrierer

Der Integrierer (Integrator, integrierender Verstärker) ist eine OPV-Schaltung mit frequenzabhängiger Gegenkopplung. Es folgt die Schaltungsanalyse (Abb. 7.19). Der invertierende Eingang ist virtuelle Masse, U_e liegt somit am Widerstand R und U_a liegt am Kondensator C.

Knotengleichung:

$$I_R = \frac{U_e}{R} = -I_C \tag{7.77}$$

Mit der Bauteilgleichung des Kondensators $I_C(t) = C \cdot \frac{dU_a(t)}{dt}$ folgt durch Umstellen:

$$\frac{dU_a(t)}{dt} = -\frac{1}{R \cdot C} \cdot U_e(t) \tag{7.78}$$

Integrieren ergibt die Ausgangsspannung des Integrierers:

$$U_a(t) = -\frac{1}{R \cdot C} \cdot \int_0^t U_e(t')d\,t' + U_a(t=0) \qquad (7.79)$$

Die Größe $R \cdot C$ wird als *Integrationszeitkonstante* bezeichnet. Die Integrations-konstante $U_a(t=0)$ stellt eine *Anfangsbedingung* dar, z. B. wenn zu Beginn der Integration der Kondensator C bereits teilweise geladen ist. Die Grundschaltung eines Umkehrintegrierers zeigt Abb. 7.19.

Der Eingangswiderstand des Integrierers entspricht wegen der virtuellen Masse dem Widerstand R.

$$R_e = R \qquad (7.80)$$

Der Integrierer in Abb. 7.19 hat keine Gleichspannungsgegenkopplung und somit auch keine Gleichstromrückführung. Der Eingangsstrom des realen OPV ist zwar sehr klein, aber nicht null (falls die Transistoren in der Eingangsstufe bipolare Transistoren sind). Dieser Eingangsstrom muss über den Widerstand R zugeführt werden. Wenn dieser Strom fehlt, weil der Eingang offen oder die Quelle sehr hochohmig ist, dann wird der Eingangsstrom vom Ausgang über den Kondensator C geliefert. Die Ausgangs-spannung steigt dann langsam linear bis zur Sättigungs-Ausgangsspannung an, bei der die Schaltung nicht mehr funktioniert. Der in der Praxis notwendige Eingangsstrom kann über einen zum Kondensator C parallel liegenden ohmschen Widerstand, der einen Gleichstrompfad bildet, bereitgestellt werden. In der Praxis muss außerdem der Kondensator C vor Beginn des Integrierens in einen definierten Grundzustand gebracht werden, z. B. durch eine Entladung nach Masse.

Ein Integrierer ist nicht BIBO-stabil (BIBO = Bounded Input Bounded Output). Jedes noch so kleine, konstante und dauernd anliegende Eingangssignal lässt nach sehr langer Zeit die Ausgangsspannung in die Sättigung laufen. Dies ist auch bei einem Fehler durch die Offsetspannung der Fall.

Wird ein Integrierer an seinem Eingang mit einer Sprungfunktion angeregt, so ergibt sich an seinem Ausgang eine linear ansteigende Funktion. Diese Reaktion ist sofort aus der Integration einer Konstanten ersichtlich, die eine Gerade ergibt (Gl. (7.81)). Je größer die Konstante k ist, desto größer ist die Steigung der Geraden $k \cdot x$.

$$\int k \cdot dx = k \cdot \int dx = k \cdot x + C, \ (k, C \in \mathbb{R}) \qquad (7.81)$$

Die Sprungerregung und Sprungantwort sind in Abb. 7.20 dargestellt. Der Kondensator C ist zum Zeitpunkt null ungeladen: $U_C(t=0) = 0$.

Das Eingangssignal eines Integrierers sei nun eine Sinusfunktion:

$$u_e(t) = \hat{U}_e \cdot \sin(\omega t) \qquad (7.82)$$

Abb. 7.20 Sprungantwort
eines Integrierers

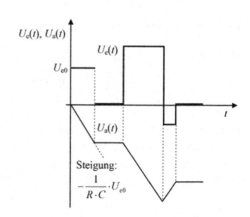

Berechnet wird die Ausgangsspannung $u_a(t)$.

Die Anfangsbedingung wird zu null gesetzt, der Kondensator C sei zu Beginn der Integration vollständig entladen:

$$u_a(t = 0) = 0 \qquad (7.83)$$

Das Eingangssignal wird in Gl. (7.79) eingesetzt. Mit $\int \sin(x) = -\cos(x) + C$ folgt:

$$u_a(t) = -\frac{1}{R \cdot C} \cdot \int \hat{U}_e \cdot \sin(\omega t) dt = \frac{\hat{U}_e}{\omega \cdot R \cdot C} \cdot \cos(\omega t) \qquad (7.84)$$

Das Ausgangssignal ist eine Cosinusfunktion.

Die Amplitudenverstärkung ist:

$$V = \frac{\hat{U}_a}{\hat{U}_e} = \frac{1}{\omega \cdot R \cdot C} \qquad (7.85)$$

Die Amplitude der Ausgangsspannung wird mit zunehmender Frequenz kleiner und mit abnehmender Frequenz größer. Bei niedrigen Frequenzen geht das Ausgangssignal in die Sättigung.

Die Ausgangsspannung hat gegenüber der Eingangsspannung eine Phasendrehung von +90°.

$$\varphi = +\frac{\pi}{2} = +90° \qquad (7.86)$$

7.5.2.7 Differenzierer

Beim Differenzierer ist die Ausgangsspannung $U_a(t)$ abhängig vom Differenzialquotienten $\frac{dU_e(t)}{dt}$ der Eingangsspannung $U_e(t)$. Es folgt die Schaltungsanalyse (Abb. 7.21).

Abb. 7.21 Grundschaltung
eines OPV als Differenzierer

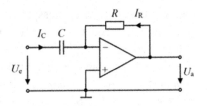

Der OPV ist über R gegengekoppelt und der nicht invertierende Eingang liegt direkt auf Masse. Der invertierende Eingang ist somit virtuelle Masse. Daraus folgt:

$$I_C(t) = C \cdot \frac{dU_e(t)}{dt} \tag{7.87}$$

$$I_R = \frac{U_a}{R} \tag{7.88}$$

Knotenregel:

$$I_C = -I_R \tag{7.89}$$

Es folgt:

$$C \cdot \frac{dU_e(t)}{dt} = -\frac{U_a}{R} \tag{7.90}$$

Die Ausgangsspannung des Differenzierers ist:

$$U_a(t) = -R \cdot C \cdot \frac{dU_e(t)}{dt} \tag{7.91}$$

Der Eingangswiderstand des Differenzierers entspricht wegen der virtuellen Masse dem frequenzabhängigen Widerstand $X_C = \frac{1}{\omega C}$ des Kondensators C.

$$R_e = \frac{1}{\omega C} \tag{7.92}$$

Für eine sinusförmige Eingangsspannung $u_e(t) = \hat{U}_e \cdot \sin(\omega t)$ erhält man die Ausgangsspannung:

$$u_a(t) = -\omega \cdot R \cdot C \cdot \hat{U}_e \cdot \cos(\omega t) \tag{7.93}$$

Die Amplitudenverstärkung ist in diesem Fall:

$$|V| = \frac{\left|\hat{U}_a\right|}{\hat{U}_e} = \omega \cdot R \cdot C \tag{7.94}$$

Die Amplitude der Ausgangsspannung wird mit zunehmender Frequenz größer und mit abnehmender Frequenz kleiner. Bei hohen Frequenzen geht das Ausgangssignal in die Sättigung.

Bei einer Schaltung in der Praxis wird, zur Einstellung einer ausreichenden Gegenkopplung für alle Frequenzen, mit dem Kondensator C ein ohmscher Widerstand in Reihe geschaltet. Die Schwingneigung der Schaltung nimmt dadurch ab.

Die Ausgangsspannung hat gegenüber der Eingangsspannung eine Phasendrehung von $-90°$.

$$\varphi = -\frac{\pi}{2} = -90° \tag{7.95}$$

7.5.3 Anwendungsbeispiele

7.5.3.1 PID-Regler

Abb. 7.22 zeigt eine Regelschaltung mit einem OPV, einen *PID-Regler*. PID steht für einen Regler mit **P**roportional-, **I**ntegral- und **D**ifferenzial-Anteil. Auf die Regelungstechnik wird hier nicht näher eingegangen, es wird nur die *Übertragungsfunktion* der Schaltung hergeleitet.

Der Eingang E_- ist virtuelle Masse.

$$I_1(t) = \frac{U_e}{R_1} + C_1 \cdot \frac{dU_e}{dt} \tag{7.96}$$

$$\frac{dU_{C2}(t)}{dt} = \frac{1}{C_2} \cdot I_2(t) \tag{7.97}$$

$$U_{C2}(t) = \frac{1}{C_2} \cdot \int I_2(t)\, dt \tag{7.98}$$

$$U_{R2}(t) = I_2(t) \cdot R_2 \tag{7.99}$$

$$U_a(t) = U_{R2}(t) + U_{C2}(t) = I_2(t) \cdot R_2 + \frac{1}{C_2} \cdot \int I_2(t)\, dt \tag{7.100}$$

Abb. 7.22 Ein OPV als PID-
Regler

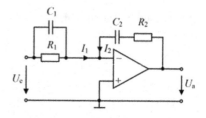

$$I_2(t) = -I_1(t) \tag{7.101}$$

$$U_a(t) = -U_e \cdot \frac{R_2}{R_1} - C_1 \cdot R_2 \cdot \frac{dU_e}{dt} + \frac{1}{C_2} \cdot \int \left(-\frac{U_e}{R_1} - C_1 \cdot \frac{dU_e}{dt} \right) dt \tag{7.102}$$

$$U_a(t) = -U_e \cdot \frac{R_2}{R_1} - C_1 \cdot R_2 \cdot \frac{dU_e}{dt} - \frac{1}{C_2 \cdot R_1} \cdot \int U_e \, dt - \frac{C_1}{C_2} \cdot U_e \tag{7.103}$$

$$U_a(t) = \underbrace{-U_e \cdot \left(\frac{R_2}{R_1} + \frac{C_1}{C_2} \right)}_{\text{Proportionalanteil}} \underbrace{- C_1 \cdot R_2 \cdot \frac{dU_e}{dt}}_{\text{Differenzialanteil}} \underbrace{- \frac{1}{C_2 \cdot R_1} \cdot \int U_e \, dt}_{\text{Integralanteil}} \tag{7.104}$$

Durch Entfernen bzw. Kurzschließen einzelner Widerstände und Kondensatoren können andere Reglertypen realisiert werden. Für $C_1 = 0$, $C_2 = \infty$ ergibt sich z. B. ein P-Regler mit $U_a = -U_e \cdot \frac{R_2}{R_1}$.

7.5.3.2 Analoge, aktive Filter

Mit OPV lassen sich **aktive Filter** (Tiefpass-, Hochpass-, Bandpass-, Bandsperrfilter) aufbauen, die Filtern aus passiven BE bezüglich der Steilheit der Durchlass- und Sperrkurven weit überlegen sind. Aktive Filter können mit diskreten Komponenten aufgebaut werden, sind jedoch auch als fertige Bausteine in Form von ICs oder Modulen erhältlich.

Hier wird als Beispiel ein aktives Tiefpassfilter 4. Ordnung mit seinem Amplitudengang gezeigt. Die Schaltung ist in Abb. 7.23 dargestellt. Den Amplitudengang zeigt Abb. 7.24. Die Verstärkung bei tiefen Frequenzen (Grundverstärkung) beträgt 6 dB. Die obere Grenzfrequenz (-3 dB-Grenzfrequenz) ist ca. $f_{go} = 92\,\text{Hz}$.

Wie steil der Übergang vom Durchlass- in den Sperrbereich oder umgekehrt erfolgt, wird bei einem Filter durch die *Flankensteilheit k* in dB pro Frequenzdekade (dB/Dk) bestimmt. Die Steilheit der Näherungsgeraden im Amplitudengang ist immer ein negatives oder positives Vielfaches von 20 dB/Dk. Für ein System n-ter Ordnung kann der Amplitudengang maximal die Steilheit

$$k = \pm n \cdot 20\,\text{dB}/\text{Dk} \tag{7.105}$$

erreichen.

Abb. 7.23 Aktiver Bessel-
Tiefpass 4. Ordnung

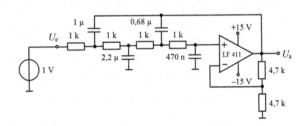

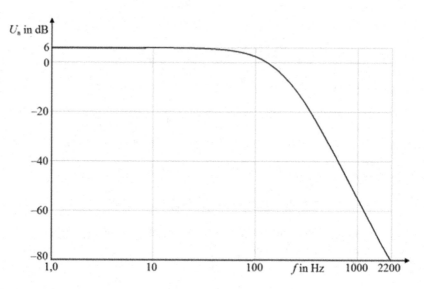

Abb. 7.24 Amplitudengang des aktiven Tiefpasses nach Abb. 7.23

Die Ordnung n eines Filters ist durch die Anzahl voneinander unabhängiger Energie-speicher (Kapazitäten, Induktivitäten) festgelegt. Voneinander unabhängig sind Energie-speicher, wenn sie energetisch entkoppelt sind und *nicht* durch ein Ersatzbauelement ersetzt werden können. Zwei parallel oder in Reihe geschaltete Kondensatoren sind z. B. *nicht* voneinander unabhängig.

Im Schaltungsbeispiel in Abb. 7.23 sind vier Kondensatoren enthalten, die durch Widerstände voneinander entkoppelt sind. Es handelt sich also um einen Tiefpass 4. Ordnung.

Es sei hier noch einmal ausdrücklich auf die Möglichkeit hingewiesen, elektronische Schaltungen am PC zu *simulieren*. Kostenlos erhältliche Testversionen von Simulations-programmen haben zwar meist bestimmte Einschränkungen, z. B. bezüglich der Anzahl simulierbarer Bauteile. Die Leistungsfähigkeit dieser Programme reicht jedoch aus, um dem Lernenden schnell einen Einblick in die Möglichkeiten der elektronischen Schaltungstechnik zu geben und mit Schaltungen am PC zu experimentieren. Schaltungen mit passiven Bauteilen, Transistoren, OPV oder digitalen Bausteinen können so am PC auf ihre Funktionsweise untersucht werden.

Das große Gebiet der Schaltungen mit Transistoren und OPV kann in diesem Buch bei weitem nicht vollständig behandelt werden. Der Verfasser empfiehlt als weiter-führende Literatur sein Werk „Aktive elektronische Bauelemente" (Springer-Verlag, 3. Auflage, s. Literaturverzeichnis).

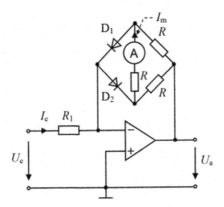

Abb. 7.25 Operationsverstärker mit Spannungsmessgerät

Aufgabe

Bei dem in Abb. 7.25 dargestellten Spannungsmessgerät wird die zu messende Spannung von einem Drehspulinstrument angezeigt. Der OPV kann als ideal betrachtet werden, das Drehspulinstrument habe einen Innenwiderstand (Messwerkwiderstand) von null Ohm.

a) Um welche Grundschaltung eines OPV handelt es sich?
   Mit welchem Potenzial kann der invertierende Eingang verglichen werden? Begründen Sie Ihre Antwort.
   Wie groß ist der Eingangswiderstand R_e der Schaltung?
   Geben Sie den Eingangsstrom I_e in Abhängigkeit von U_e an.
b) Die Eingangsspannung U_e sei positiv. Welche Diode leitet in diesem Fall, welche sperrt? Begründen Sie Ihre Antworten.
   Geben Sie den Strom I_m durch das Drehspulinstrument als Funktion des Eingangsstromes I_e und als Funktion der Eingangsspannung U_e an.
   Hinweis: Skizzieren Sie den Verlauf des Stromes I_e vom Eingang einschließlich eventueller Verzweigungen bis zum Ausgang.
c) Das Drehspulinstrument hat einen Vollausschlag von 50 µA. Welchen Wert muss R_1 haben, damit bei einer Eingangsspannung $U_e = 10$ V Gleichspannung das Instrument Vollausschlag anzeigt?
d) Die Eingangsspannung kann nun sowohl positiv als auch negativ sein. Sollte ein Drehspulinstrument mit dem Nullpunkt in der Mitte oder mit dem Nullpunkt links verwendet werden? Begründen Sie Ihre Antwort.
e) Berechnen Sie die Spannungsverstärkung $V_U = \frac{U_a}{U_e}$ der Schaltung. Der Spannungsabfall an einer leitenden Diode kann dabei gleich null Volt angenommen werden.

Abb. 7.26 Strompfad vom
Eingang bis zum Ausgang

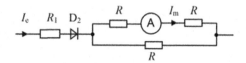

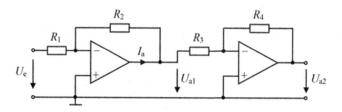

Abb. 7.27 Zu bestimmen ist der Strom I_a

Lösung:

a) Die Grundschaltung ist ein invertierender Verstärker. Wegen der Gegen-
kopplung ist der invertierende Eingang virtuelle Masse.
Der Eingangswiderstand der Schaltung ist $\underline{R_e = R_1}$.
Der Eingangsstrom ist $\underline{I_e = \frac{U_e}{R_1}}$.

b) Ist U_e positiv, so ist U_a negativ (invertierender Verstärker). Dann leitet D_2 und
D_1 sperrt.
Den Strompfad vom Eingang bis zum Ausgang zeigt Abb. 7.26.
Stromteilerregel: $I_m = I_e \cdot \frac{R}{R+R+R}$; $\underline{I_m = \frac{1}{3} I_e}$; $\underline{I_m = \frac{1}{3 \cdot R_1} \cdot U_e}$.

c) $R_1 = \frac{U_e}{3 \cdot I_m}$; $R_1 = \frac{10\,\text{V}}{3 \cdot 50\,\mu\text{A}} = \underline{\underline{66,67\,\text{k}\Omega}}$

d) Der Strom fließt wegen der Dioden immer in der gleichen Richtung durch das
Drehspulinstrument. Ein Instrument mit dem Nullpunkt links ist wegen des
größeren Ausschlages des Zeigers vorzuziehen.

e) Der Widerstand R_2 des Gegenkopplungszweiges ist.
$R_2 = R \parallel (R+R) = R \parallel 2R = \frac{R \cdot 2R}{R+2R} = \frac{2}{3} R$; $V_U = -\frac{R_2}{R_1}$; $\underline{\underline{V_U = -\frac{2}{3} \frac{R}{R_1}}}$

Aufgabe
Die OPV in Abb. 7.27 sind als ideal zu betrachten, sie werden symmetrisch ver-
sorgt und arbeiten im linearen Bereich.
Gegeben sind folgende Werte:
$U_e = 20\,\text{mV}$ Gleichspannung, $R_1 = R_3 = 10\,\text{k}\Omega$, $R_2 = R_4 = 100\,\text{k}\Omega$.

a) Geben Sie U_{a1} allgemein in Abhängigkeit von U_e und R_1, R_2 an. Welchen Wert hat Ua_1?

b) Geben Sie U_{a2} allgemein in Abhängigkeit von U_{a1} und R_3, R_4 an. Welchen Wert hat U_{a2}?

c) Bestimmen Sie den Strom I_a allgemein und als Zahlenwert.

Lösung:

a. $U_{a1} = -U_e \cdot \frac{R_2}{R_1}$; $U_{a1} = -20\,\mathrm{mV} \cdot \frac{100\,\mathrm{k\Omega}}{10\,\mathrm{k\Omega}} = \underline{\underline{-200\,\mathrm{mV}}}$.

b. $U_{a2} = -U_{a1} \cdot \frac{R_4}{R_3}$; $U_{a2} = -200\,\mathrm{mV} \cdot \left(-\frac{100\,\mathrm{k\Omega}}{10\,\mathrm{k\Omega}}\right) = \underline{\underline{2,0\,\mathrm{V}}}$

c. Die beiden invertierenden Eingänge sind jeweils virtuelle Masse. Vom Ausgang des ersten OPV mit der Ausgangsspannung U_{a1} können somit R_2 und dazu parallel R_3 als gegen Masse liegend angesehen werden.

$$I_a = \frac{U_{a1}}{R_2 \| R_3} = \frac{U_{a1}}{\frac{R_2 \cdot R_3}{R_2 + R_3}} = U_{a1} \cdot \frac{R_2 + R_3}{R_2 \cdot R_3}; \quad I_a = -0,2\,\mathrm{V} \cdot \frac{110\,\mathrm{k\Omega}}{1000\,\mathrm{k\Omega}} = -2,2 \cdot 10^{-2}\,\mathrm{A} = \underline{\underline{-22\,\mathrm{mA}}}$$

Der Strom fließt entgegen der Richtung des eingetragenen Zählpfeiles in den Ausgang.

Weiterführende Literatur

1. Bock, W.: Grundlagen der Elektrotechnik und Elektronik (GEE), Aktualisierung 18.09.2018, Internes Skriptum der Fakultät Maschinenbau der Ostbayerischen Technischen Hochschule Regensburg
2. Bosse, G.: Grundlagen der Elektrotechnik I, II, III, Bibliographisches Institut, Mannheim, 1966, 1967, 1968
3. Duyan, H., Hahnloser, G., Traeger, D.: PSPICE für Windows, 2. Auflage 1996, Teubner Studienskripten, Stuttgart
4. Elschner, H., Möschwitzer, A.: Einführung in die Elektrotechnik – Elektronik, 3., bearb. Aufl., Verlag Technik, Berlin-München 1992
5. Hagmann, G.: Grundlagen der Elektrotechnik, 3. Auflage 1990, AULA-Verlag GmbH, Wiesbaden
6. Hammer, A.: Physik, Oberstufe Elektrizitätslehre, 1. Auflage 1966, R. Oldenbourg Verlag, München
7. Herter, E., Röcker, W.: Nachrichtentechnik, Übertragung und Verarbeitung, 1. Auflage 1976, Carl Hanser Verlag München Wien
8. Höfling, O.: Lehrbuch der Physik, Oberstufe Ausgabe A, 5. Auflage 1962, Ferd. Dümmlers Verlag, Bonn
9. Küpfmüller, K.: Einführung in die theoretische Elektrotechnik, 9. Auflage 1968, Springer Verlag
10. Lowenberg, C.E.: Theory and Problems of Electronic Circuits, Mc. Graw-Hill, 1967
11. Mathes, W.: Kapitel 7 Wie lesen wir Datenblätter und Standards?, Ausgabestand 1.1, 2002
12. Nührmann, D.: Das große Werkbuch Elektronik – Band 1 bis 3, 6. Auflage, Franzis-Verlag GmbH, Poing, 1994
13. Philippow, E.: Taschenbuch Elektrotechnik, Band 3, Nachrichtentechnik, 2. Auflage, VEB Verlag Technik, Berlin, 1969
14. Philips Lehrbriefe, Elektrotechnik und Elektronik, Bd. 1 Einführung und Grundlagen, 11. Auflage, Dr. Alfred Hüthig Verlag, Heidelberg, 1987
15. Plaßmann, W., Schulz, D. (Hrsg.): Handbuch Elektrotechnik, Grundlagen und Anwendungen für Elektrotechniker, 5., korrigierte Auflage 2009, Vieweg+Teubner, GWV Fachverlage GmbH, Wiesbaden 2009
16. Pregla, R.: Grundlagen der Elektrotechnik, 5. Auflage, Hüthig Verlag Heidelberg, 1998
17. Schüssler, H.W.: Netzwerke und Systeme I, Bibliographisches Institut Mannheim, 1971
18. Steinbuch, K., Rupprecht, W.: Nachrichtentechnik, Springer-Verlag, 1967

© Springer Fachmedien Wiesbaden GmbH, ein Teil von Springer Nature 2021
L. Stiny, *Schnelleinführung Elektronik,* https://doi.org/10.1007/978-3-658-33462-8

19. Stiny, L.: Grundwissen Elektrotechnik und Elektronik, Eine leicht verständliche Einführung, 7. Auflage, Springer Vieweg Wiesbaden 2018
20. Stiny, L.: Aufgabensammlung zur Elektrotechnik und Elektronik, Übungsaufgaben mit ausführlichen Musterlösungen, 3. Auflage, Springer Vieweg Wiesbaden 2017
21. Stiny, L.: Aktive elektronische Bauelemente, Aufbau, Struktur, Wirkungsweise, Eigenschaften und praktischer Einsatz diskreter und integrierter Halbleiter-Bauteile, 4. Auflage, Springer Vieweg Wiesbaden 2019
22. L Stiny 2019 Passive elektronische Bauelemente, Aufbau, Funktion, Eigenschaften, Dimensionierung und Anwendung, 3 Auflage Springer Vieweg Wiesbaden
23. Stiny, L.: Elektrotechnik für Studierende, Band 1: Grundlagen, Christiani-Verlag, Konstanz 2012
24. Stiny, L.: Elektrotechnik für Studierende, Band 2: Gleichstrom, Christiani-Verlag, Konstanz 2012
25. Stiny, L.: Elektrotechnik für Studierende, Band 3: Wechselstrom 1, Christiani-Verlag, Konstanz 2014
26. Stiny, L.: Elektrotechnik für Studierende, Band 4: Wechselstrom 2, Christiani-Verlag, Konstanz 2014
27. Surina, T., Klasche G.: Angewandte Impulstechnik, Franzis Verlag, 1974
28. Tietze, U., Schenk, Ch.: Halbleiter-Schaltungstechnik, 2. Auflage, Springer-Verlag Berlin, Heidelberg, New York, 1971
29. Unbehauen, R.: Grundlagenpraktikum in Elektotechnik und Meßtechnik, Univ. Erlangen-Nürnberg, März 1971
30. Vahldiek, Hansjürgen: Übertragungsfunktionen, R. Oldenbourg Verlag, München, 1973
31. Wahl, R.: Grundlagen der Elektronik, 2., durchgesehene Auflage, VEB Verlag Technik, Berlin, 1970
32. Wolf, H.: Lineare Systeme und Netzwerke, Eine Einführung, Springer-Verlag Berlin, Heidelberg, New York, 1971
33. Internet: https://www.energie-lexikon.info/waermewiderstand.html, Abgerufen am 01.09.2019

Stichwortverzeichnis

© Springer Fachmedien Wiesbaden GmbH, ein Teil von Springer Nature 2021
L. Stiny, *Schnelleinführung Elektronik,* https://doi.org/10.1007/978-3-658-33462-8

Printed in the United States
by Baker & Taylor Publisher Services